职业教育机电类专业规划教材

钳工基础技能实训

主　编　邓集华　关焯远　彤景鑫
副主编　吴觉迢　李　军　陈移新
参　编　陆子宇　王　星　周海蔚　罗伟光
辛　健　何荣尚　钟春华　黎志浩
陈立权　杨彦安　毕宇灏　曾新龙
谭　滔　梁　宇　钟远明　张　炜
匡伟民
主　审　黄　凌

机械工业出版社

本书基于行动导向的教学模式，深入教学实践，设计并编写了体现小组合作探究学习的俄罗斯方块、鲁班锁、八角宫、铁轮、风车这五个组合体制作项目作为学习的载体，分别在各学习任务中穿插锯削、锉削、錾削、划线、钻孔、攻螺纹、装配以及常用量具等钳工基础知识与技能，突出知识与技能的实用性和可操作性，最大程度地体现“做中学、学中做”的职业教育特色。

本书可作为职业学校机械类相关专业教学及实训用书，也可作为相关技术人员的培训用书。

图书在版编目（CIP）数据

钳工基础技能实训/邓集华，关焯远，彤景鑫主编. —北京：机械工业出版社，2017.5

职业教育机电类专业规划教材

ISBN 978-7-111-56557-4

Ⅰ.①钳…　Ⅱ.①邓…②关…③彤…　Ⅲ.①钳工-职业教育-教材

Ⅳ.①TG9

中国版本图书馆 CIP 数据核字（2017）第 108986 号

机械工业出版社（北京市百万庄大街 22 号　邮政编码 100037）

策划编辑：王佳玮　责任编辑：黎　艳　责任校对：王　延

封面设计：张　静　责任印制：常天培

涿州市京南印刷厂印刷

2017 年 7 月第 1 版第 1 次印刷

184mm×260mm · 8 印张 · 178 千字

0001–2000 册

标准书号：ISBN 978-7-111-56557-4

定价：22.00 元

序

近年来，广州市交通职业学校在汽车运用与维修、汽车制造与检修和模具制造技术等专业持续推进教育教学改革，构建起工学结合课程体系并实施一体化教学，与一汽丰田、上汽通用、一汽大众、一汽奥迪、广汽丰田、广汽本田、广汽菲克、广汽乘用车和华达高木等众多企业开展深层次校企合作，共同培养技术技能型人才，取得了优异的成绩。针对深度合作企业的人才多样性需求、学生就业及升学需求所带来的人才规格差异，我校于2016年重新修订了各专业的人才培养方案，对课程体系、教学内容、教学组织形式和评价方式等进行合理设置，完善工学结合课程体系。

由邓集华等教师编写的《钳工基础技能实训》一书是围绕最新人才培养方案编写的优秀的专业基础技能教材，以制作趣味性强的益智玩具为学习任务的载体，把钳工的锉削、锯削、钻削、錾削、攻螺纹以及各类工量具的使用等基础知识与技能，从简到繁、由浅入深地融入到各个学习任务中；以小组合作的形式组织教学，让学生在做中学、学中做，具有强的实用性和可操作性，非常适合汽车运用与维修、汽车制造与检修、模具制造技术和汽车车身修复等中职工科类专业的钳工基础技能课程的教学。

我为这本教材所呈现的钳工基础知识结构与技能训练的新尝试感到由衷的高兴，真诚地希望这本书能够促进钳工基础实训课程的教学实践与改革，在我国中职机械制造类专业钳工基础实训课程的教学改革与实践中进行有益的探索。

广州市交通运输职业学校校长　刘建平

2017.07.01

前 言

为了适应新时期职业教育人才培养的需求，以及科学技术发展的新趋势和新特点，我们设计了俄罗斯方块、鲁班锁、八角宫、铁轮、风车这五个组合体作为钳工实训的载体，并通过大量的教学实践与研究，编写了这本教学用书，尝试对传统钳工实训教学进行改革与创新。本书力求体现以下特色：

1. 突出实用性和可操作性

本书编写立足于以职业为导向，打破传统学科型教材模式，以学习任务的结构组织学习内容，以“实用、够用”为原则，每个学习任务中穿插必需的基础知识与技能，实训教学可操作性强。

本书根据学习任务结构编写目录，同时还根据钳工基础知识与技能编写了知识点索引，方便读者学习与查阅。

2. 体现小组合作探究学习

本书所采用的载体都能多件相互进行装配，最终组装完成一个几何形状或构件，学生以小组为单位开展学习活动，每名学生完成组合体的一部分，通过小组合作最终才能达成学习目标。

3. 做中学，学中做，注重学生能力的培养

本书充分考虑学生现有的知识结构与理解能力，在学习内容中设计了多个自我学习与自由发挥的环节，以大量的三维立体零件图、图片、表格等呈现知识与技能，以提高学生的学习兴趣，培养学生的自学能力与创新能力。

4. 注重学生成长的学业评价方式

每个学习任务的学习评价均由学习过程评价与专业技能评价两部分构成，其中学习过程评价体现学生在学习过程中的参与性、小组协作能力、沟通能力与创新能力，专业技能评价部分考核学生在该学习任务中掌握知识技能的程度。

本书建议学时为120学时，具体学时分配建议见下表：

目　录	内　容	建议学时	目　录	内　容	建议学时
学习任务1	俄罗斯方块的制作	24	学习任务4	铁轮的制作	24
学习任务2	鲁班锁的制作	24	学习任务5	风车的制作	24
学习任务3	八角宫的制作	24	总计	120	

本书由广州市交通运输职业学校邓集华、关焯远、彤景鑫担任主编，黄凌担任主审，吴觉迢、李军、广州市机电技师学院陈移新担任副主编，参与编写的还有湖南省武冈市职业技术学校陈立权、广州市机电技师学院周海蔚、广州市黄埔职业技术学校钟远明、张炜，广州市交通运输职业学校王星、杨彦安、罗伟光、陆子宇、何荣尚、钟春华、黎志浩、谭滔、毕宇灏、曾新龙、辛健，广州市工贸技师学院匡伟民，广州市番禺区工贸职业技术学院梁宇。

在编写过程中参考了大量的文献资料，在此向文献资料的作者致以诚挚的谢意。由于编者水平有限，书中难免有不妥之处，恳请广大读者批评指正。

编　者

目录

学习任务 1

俄罗斯方块的制作

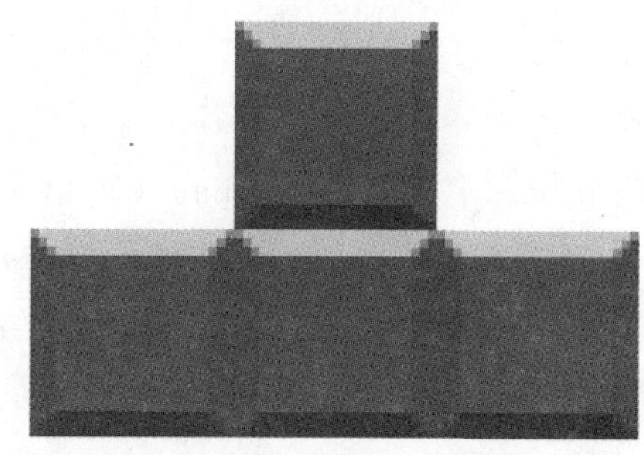

图 1-1　T 形俄罗斯方块

学习内容

本次任务主要学习以下知识：

1. 钢直尺的使用。
2. 卡钳的使用。
3. 刀口形直尺的使用。
4. 宽座直角尺的使用。
5. 锯削加工。
6. 锉削加工。
7. 选择 T 形俄罗斯方块（图 1-1）的加工工艺。
8. 制作 T 形俄罗斯方块。
9. T 形俄罗斯方块的质量检测。

学习目标

完成本学习任务后，应具备以下能力：

1. 正确使用钢直尺。
2. 正确使用卡钳度量尺寸。
3. 正确使用刀口形直尺测量平面直线度和平面度。
4. 正确使用宽座直角尺测量两垂直面的垂直度。
5. 正确选择 T 形俄罗斯方块的加工工艺。
6. 正确利用钢锯切割材料。
7. 正确利用锉刀加工平面。
8. 个人独立完成一件 T 形俄罗斯方块的加工，最终小组配合完成正方体的装配。
9. 利用量具对 T 形俄罗斯方块进行质量检测。

任务描述

俄罗斯方块是最经典的游戏之一，广泛应用于各类电子产品中。它由俄罗斯人阿列克谢·帕基特诺夫发明。俄罗斯方块原名是俄语 Тетрис（英语是 Tetris），这个名字来源于希腊语 Tetra，意思是“四”，而游戏的作者最喜欢网球（Tennis）。于是，他把两个词 Tetra 和 Tennis 合而为一，命名为 Tetris，这就是俄罗斯方块名字的由来。

现有企业订单，要求利用金属材料加工 T 形俄罗斯方块的益智玩具，数量若干。零件图和装配图分别如图 1-2 和图 1-3 所示。

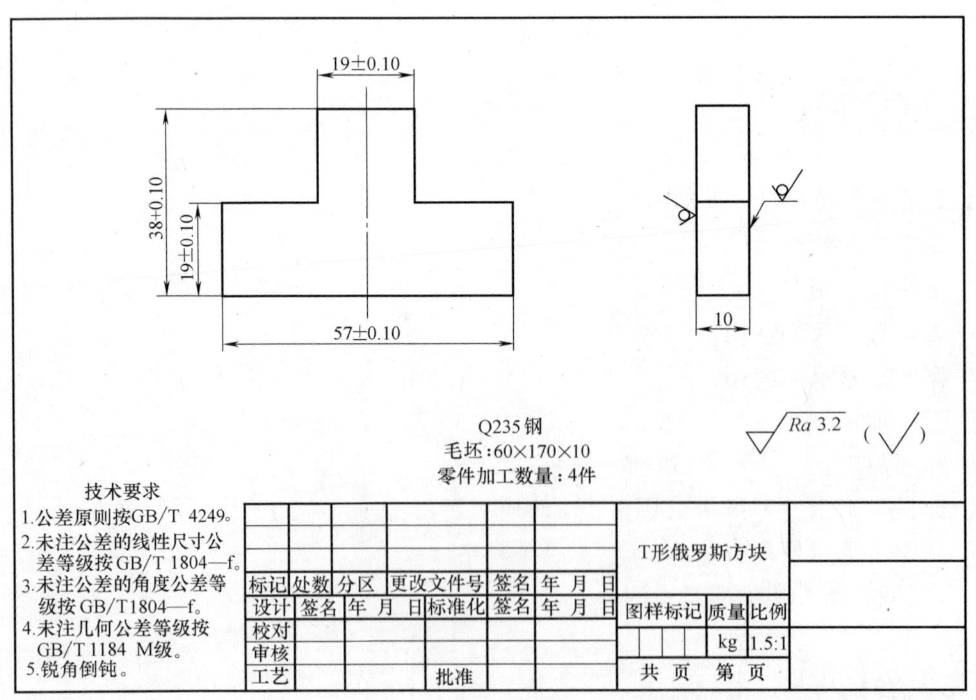

图 1-2 T 形俄罗斯方块零件图

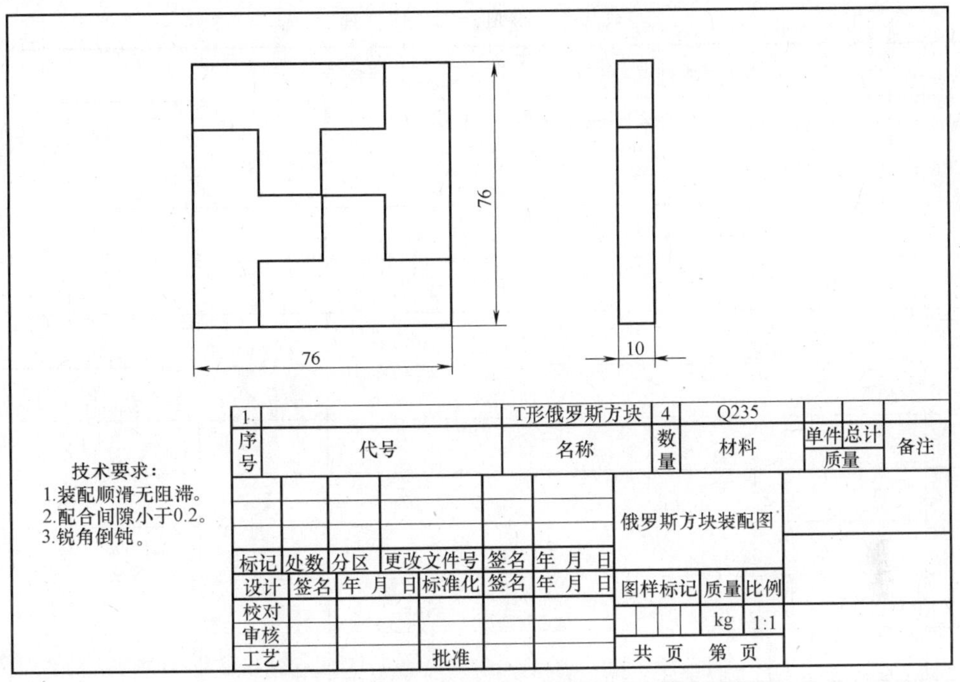

图 1-3 俄罗斯方块装配图

任务分析

一、制订工作计划

利用钳工技能完成 T 形俄罗斯方块的制作，分别需要完成选料，选取工、量、刀具，零件加工，质量检测，5S 现场管理等任务内容，请根据本小组的实际情况，与组员协商分工，填写表 1-1 的相关内容。

二、选取加工设备

请根据 T 形俄罗斯方块的零件图及小组工作计划，分别从附表 A～C 中选择制作 T 形俄罗斯方块的工具、量具、刀具，并填写在表 1-2 中。

三、知识准备

1. 钢直尺

（1）钢直尺的结构 钢直尺是用来测量和划线的最简单的长度量具，一般用来测量毛坯或尺寸精度不高的工件。常用钢直尺按长度分为 0～150mm、0～300mm、0～500mm 和 0～1000mm 四种规格。钢直尺如图 1-4 所示，在正面的标尺间距为 1mm，在上测量面前端 50mm 的范围内还刻有标尺间距为 0.5mm 的标尺标记，背面刻有米制与英制单位换算表或英制单位的标尺标记。

表 1-1 小组分工合作计划

组　名		小组成员		
序　号	任　务　内　容	计划用时	完成时间	负 责 人

表 1-2 加工 T 形俄罗斯方块的工具、量具、刀具

序　号	名　　称	规 格 型 号	数　量	备　　注

图 1-4　钢直尺

（2）钢直尺的使用方法　钢直尺测量时的使用方法如图 1-5 所示。

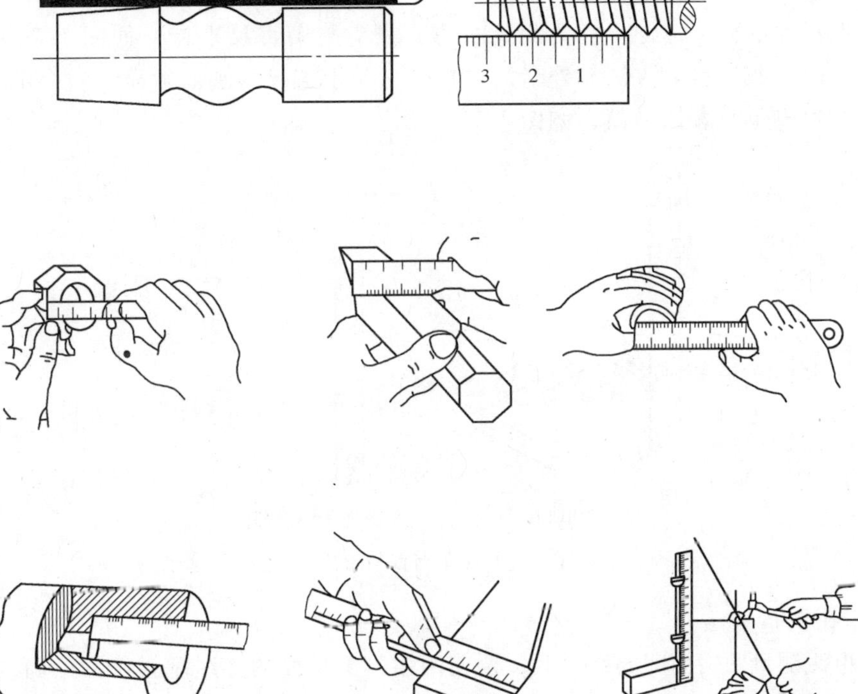

图 1-5　钢直尺的使用方法

2. 卡钳

（1）卡钳的结构　卡钳是一种间接测量的简单量具，不能直接显示测量数值，必须与钢直尺或其他能直接显示测量数值的量具配合使用。

卡钳分为内卡钳和外卡钳两类，又分别有简易型和弹簧型两种。外卡钳用于测量圆柱体的外径或物体的长度，内卡钳用于测量圆柱孔的内径或槽宽。普通内、外卡钳如图 1-6 所示。

（2）卡钳的使用方法　卡钳的使用方法包括卡钳在钢直尺上取值方法与卡钳测量方法两种。

1）卡钳在钢直尺上取值方法。

使用外卡钳取值时，外卡钳的一个钳脚的测量面靠着钢直尺的端面，另一钳脚的测量

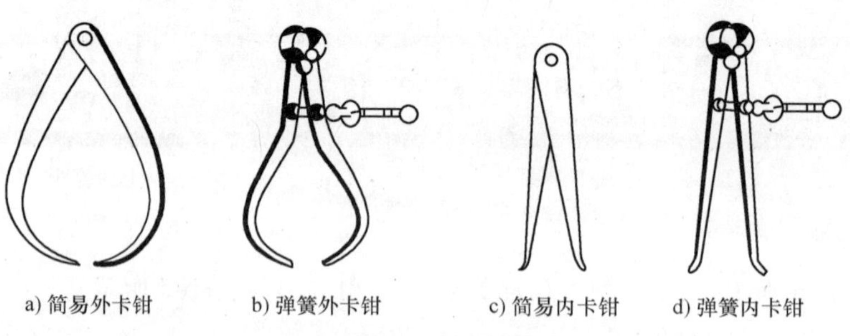

图 1-6 卡钳

面对准所取尺寸的标尺标记，且两测量面的连线应与钢直尺平行，如图 1-7a 所示。使用内卡钳取值时，其取尺寸方法与外卡钳一样，只是钢直尺的端面须靠着一个辅助平面，内卡钳的一个钳脚也靠着该平面，如图 1-7b 所示。

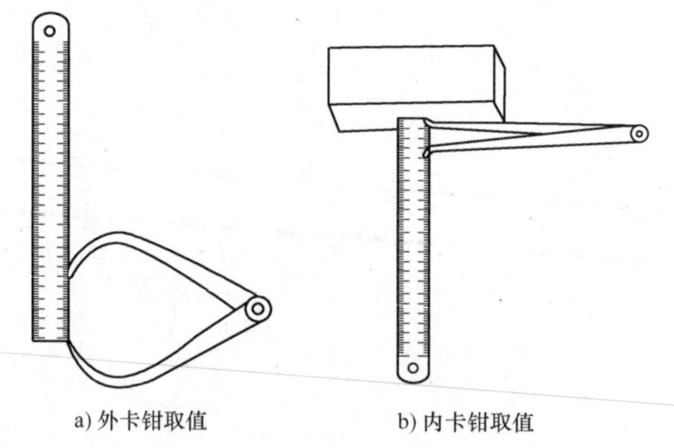

图 1-7 卡钳在钢直尺上取值方法

2）卡钳测量方法。

用外卡钳测量两表面间的距离时，要使两钳脚测量面的连线垂直于测量面，不加外力，靠外卡钳自重滑过两表面，这时外卡钳开口尺寸就是两表面间的距离，如图 1-8 所示。

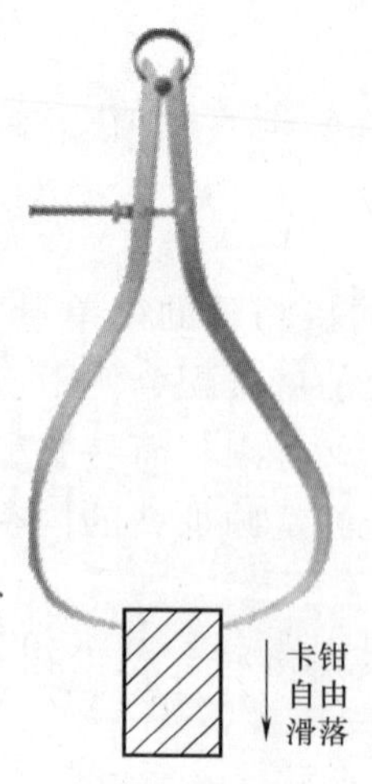

图 1-8 卡钳测量方法

（3）使用注意事项　调整卡钳开口的大小时，只能轻敲卡钳的内侧和外侧，绝不允许敲击卡钳尖端，以免影响卡钳测量的准确性。

3. 刀口形直尺

（1）刀口形直尺的结构　刀口形直尺又称为刀形样板平尺，是用来检验工件平面的直线度和平面度的量具，如图1-9所示。

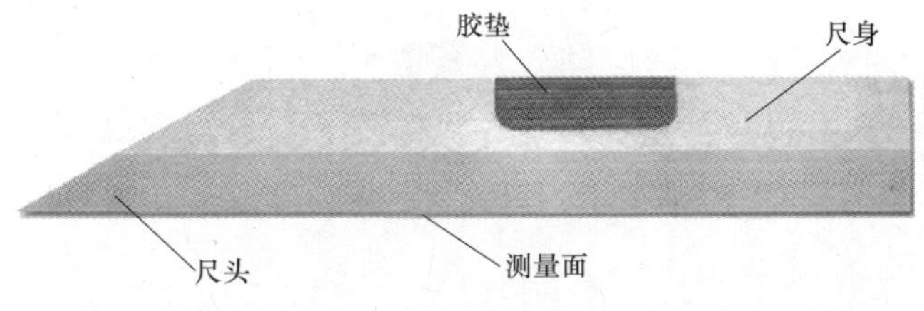

图1-9　刀口形直尺

（2）刀口形直尺的测量范围　测量范围以尺身测量面的长度L来表示，有75mm、125mm、200mm等多种规格，精度等级有0级和1级两种。

（3）刀口形直尺的使用　检测时，刀口形直尺的测量面要轻轻地置于被测表面上，尺身要垂直于工件被测表面，且在被测表面的纵向、横向、对角方向多处逐一进行检测，每个方向上至少要检测三处，以确定各方向的直线度误差，如图1-10所示。视线要与尺身垂直，对着亮光处通过眼睛观察测量面与工件被测表面的透光情况，从而估计其间隙。透光越弱，间隙量就越小，误差也越小。

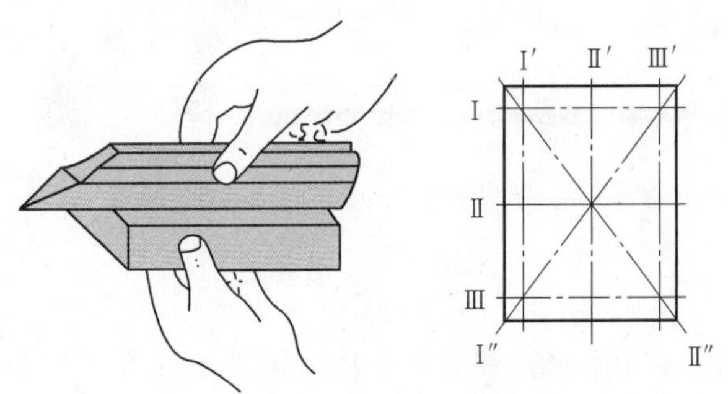

图1-10　刀口形直尺检测位置

（4）使用注意事项　刀口形直尺要轻轻地置于被测表面上，改变位置时不能在工件表面上拖动，应提起后再轻轻地放在另一处被测位置，否则测量面易受到磨损而降低其精度，而且缩短刀口形直尺使用寿命。

4. 宽座直角尺

宽座直角尺是钳工常用的测量工具，如图1-11所示，它是用来在划线时划垂直线及平行线的导向工具，同时可用来校正工件在划线平板上的垂直位置，并可检查两垂直面的垂直度或单个平面的平面度。它通常用铸铁、钢或花岗岩制成，其精度等级分为0级、1级、2级三种。

图 1-11　宽座直角尺

5. 锯削

（1）锯削的定义

锯削是用钢锯对工件材料进行切割或开槽的加工方法。它具有方便、简单和灵活的特点，适用于单件小批量、较小材料、异形工件、开槽、修整及在临时场地的加工。锯削的主要作用是锯断各种原材料或半成品，锯掉工件上的多余部分，以及在工件上锯槽等。

（2）锯削工具　钳工用的锯削工具主要是钢锯。钢锯由钢锯架（俗称锯弓）和手用钢锯条（简称锯条）组成，将手用钢锯条安装在钢锯架上就组成了钢锯，如图 1-12 所示。

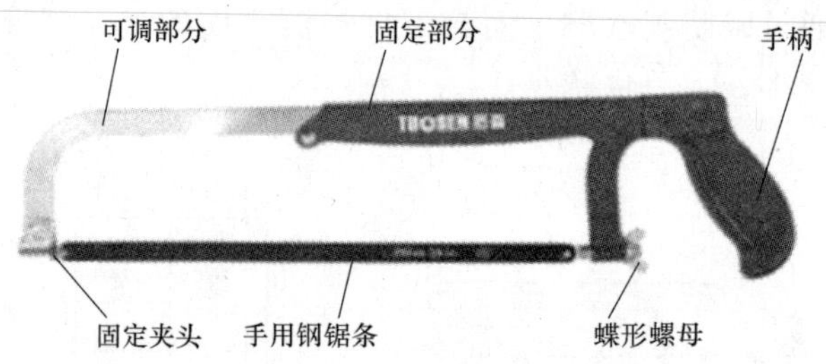

图 1-12　钢锯

1）钢锯架。钢锯架是用来夹持和拉紧手用钢锯条，且可以双手操持的工具。根据其构造，钢锯架可分为固定式和可调节式两种，如图 1-13 所示。因其使用的灵活性，钳工常用可调节式钢锯架。

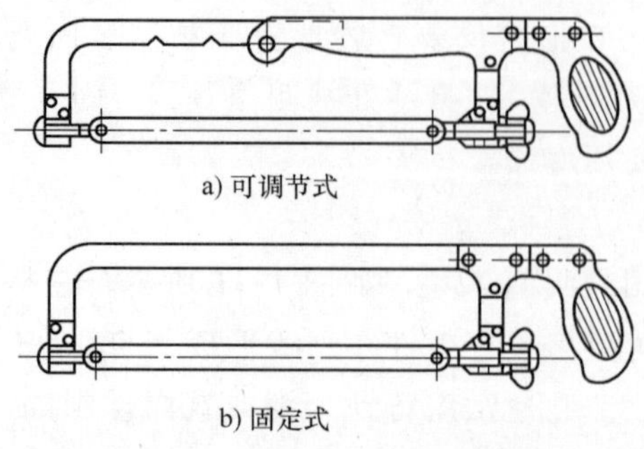

图 1-13　钢锯架的构造

按其材料，钢锯架又可分为钢板制钢锯架和钢管制钢锯架两种。

2）手用钢锯条。

手用钢锯条是锯削时用来直接锯削材料或工件的刀具。手用钢锯条一般用渗碳软钢冷轧而成，常用牌号为T12A，也可用碳素工具钢或合金工具钢制成。手用钢锯条的结构如图1-14所示。

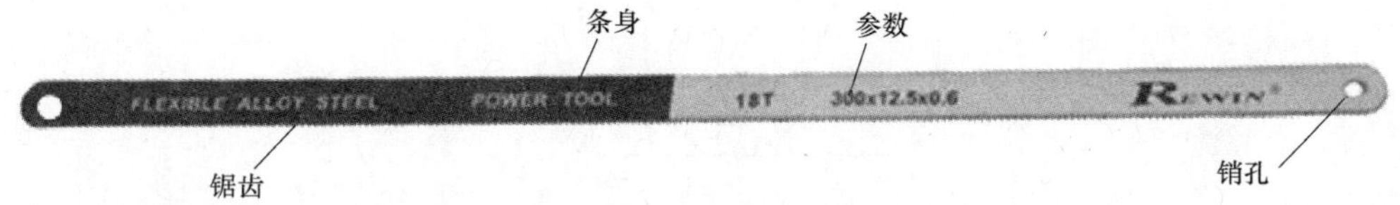

图1-14　手用钢锯条的结构

手用钢锯条的规格是以其两端安装销孔的中心距来表示的，一般有150mm、200mm、300mm、400mm几种，其宽度为10~25mm，厚度为0.6~1.25mm。钳工常用的手用钢锯条规格为300mm，其宽度为12mm，厚度为0.8mm。

手用钢锯条的齿数（俗称粗细）是以锯条每25 mm长度内锯齿的个数来表示的，常用的有14齿、18齿、24齿和32齿四种，分别为粗齿手用钢锯条、中齿手用钢锯条、细齿手用钢锯条和极细齿手用钢锯条。粗齿手用钢锯条适用于锯削软材料、大表面或厚材料，如纯铜、铝等。细齿手用钢锯条适用于锯削硬材料、管子或薄材料，中齿手用钢锯条适用于锯削中等硬度的材料，如中碳钢、黄铜、铸铁等。

3）手用钢锯条的安装。

由于钢锯是在向前推进时进行切削，所以安装手用钢锯条时要保证齿尖向前，如图1-15所示。而返回时不起切削作用，所以在钢锯架中安装手用钢锯条时具有方向性。

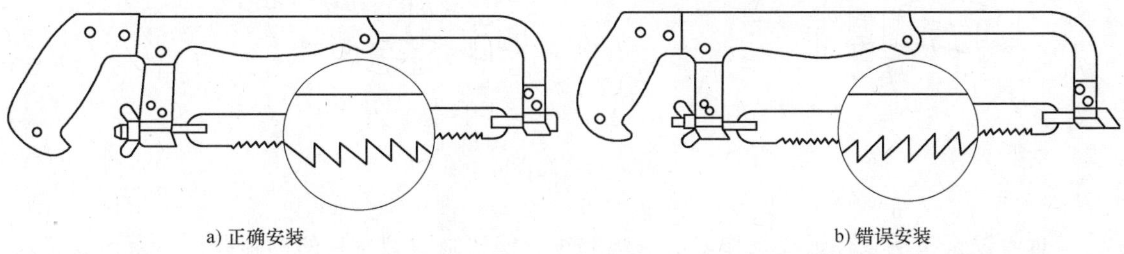

图1-15　手用钢锯条的安装

在手用钢锯条安装在钢锯架上以后，需要通过调节蝶形螺母来紧固手用钢锯条。手用钢锯条的松紧程度要适当，如果太紧则手用钢锯条易断，太松则锯缝易歪斜。

（3）工件的装夹　装夹工件应符合以下要求：

① 工件一般夹持在台虎钳的左端，以方便操作。

② 工件不应伸出钳口太长，一般应保持锯缝距离钳口约20mm，防止在锯削过程中产生振动。

③ 锯缝线要与水平面保持垂直。

④ 夹持工件时不要用力过大，以免将工件夹变形或夹坏已加工表面。

（4）起锯方法　起锯时，左手拇指靠近锯条，如图 1-16 所示，使锯条能正确定位，行程要短，压力要小，速度要慢。

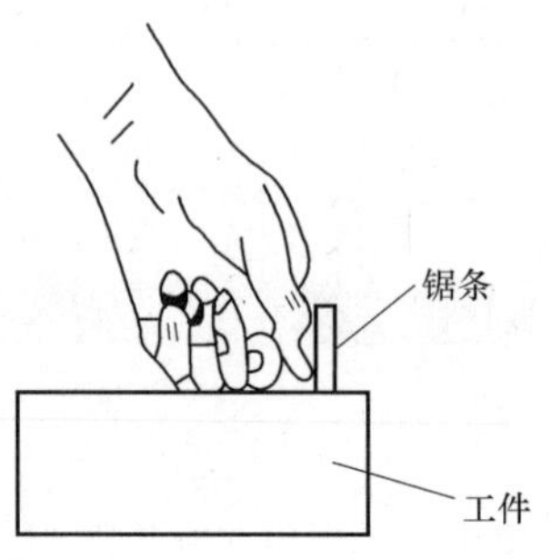

图 1-16　起锯时的定位

常用的起锯方法有远起锯和近起锯两种，如图 1-17 所示。

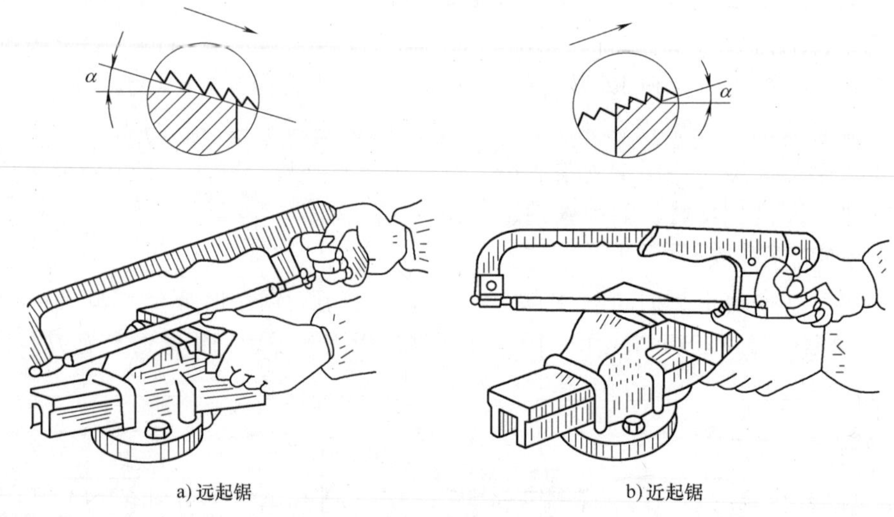

图 1-17　起锯方法

远起锯是指从工件远离操作者的一端起锯，能清晰看到所划的锯削线，锯条逐步切入材料，不易被卡住，防止锯齿卡在棱边而崩裂。

近起锯是指从工件靠近操作者的一端起锯，锯齿会突然切入较深而被棱边卡住，锯条易崩裂。

锯削时，一般采用远起锯的方法，起锯角度要小，为 10°~15°，当锯至槽深 2~3mm 时，再将锯弓摆至水平方向正常锯削。

（5）锯削姿势及锯削运动

1）手握锯的方法。

钳工常用的握锯方法有死握法、活握法、抱锯法和扶锯法四种，如图 1-18 所示。

手握锯时要自然舒展，一般右手握手柄，左手轻扶钢锯架前端，如图 1-19 所示。

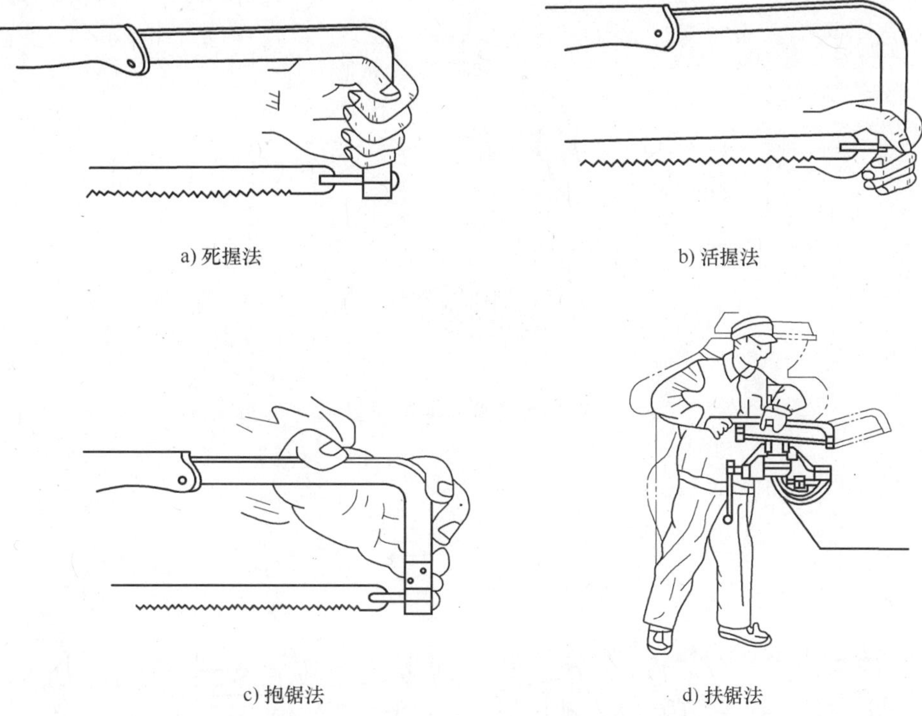

图 1-18　手用钢锯架的握锯方法

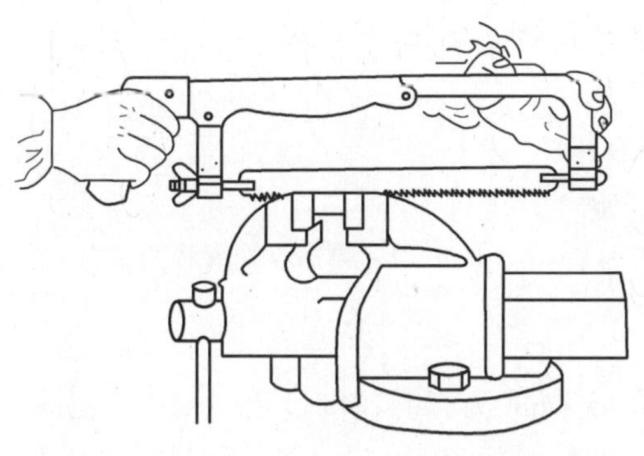

图 1-19　手握锯的方法

2）脚站立的位置。

锯削时，双脚站立的位置如图 1-20 所示。

3）锯削运动。

锯削时，右腿伸直，左腿弯曲，身体向前倾斜，重心落在左脚上，两脚站稳不移动，靠左膝的屈伸使身体做往复摆动。在起锯时，身体稍微向前倾斜；与竖直方向成 10°角左右，此时右肘尽量向后收，随着推锯的行程增大，身体逐渐向前倾斜；当行程达 2/3 时，身体倾斜 18°角左右，左、右臂均向前伸出；当锯削最后 1/3 行程时，用手腕推进钢锯架，身体随着锯的反作用力退回到 15°角位置。锯削行程结束后取消压力，将手和身体都

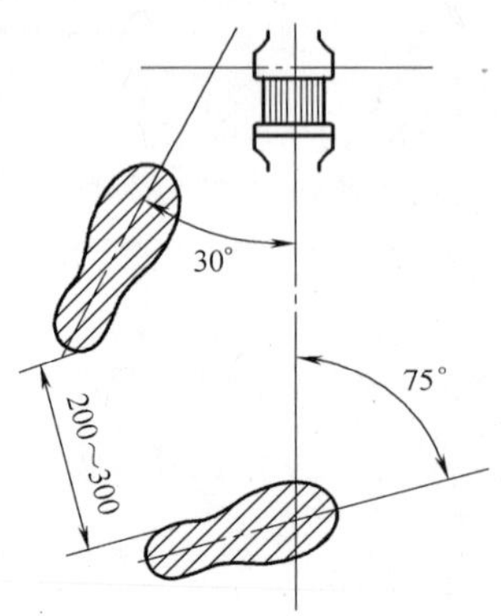

图 1-20　脚站立的位置

退回到初始位置，如图 1-21 所示。

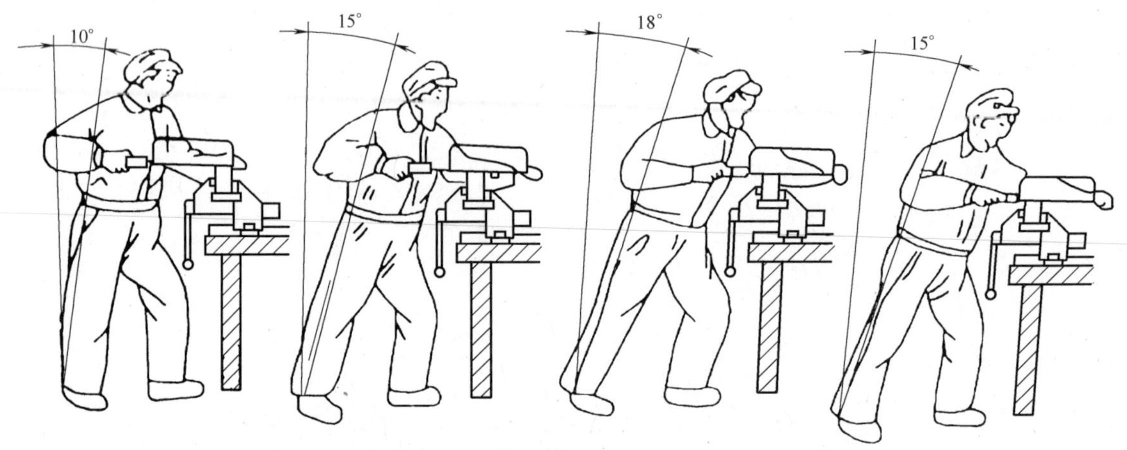

图 1-21　锯削操作姿势

4）锯削注意事项：

① 锯削速度以 20~40 次/min 为宜。速度过快，锯条容易发热，加重磨损；速度过慢则影响锯削效率。一般锯削软材料可稍快些，锯削硬材料可慢些。

② 锯削时，尽量使锯条全长范围内所有锯齿参与切削，以延长锯条的使用寿命。

③ 锯削过程中如发现锯齿崩裂，即使是一个齿崩裂，也应立即停止使用，否则该齿后面的锯齿也会迅速崩裂。

（6）锯缝歪斜的防止与纠正　在锯削中，应注意钢锯架的握持与运动要以锯条的条身侧平面为基准，条身应与加工线平行或重合，眼睛不断观察并及时调整锯条的角度，才能有效地防止锯缝歪斜。

当发现锯缝明显歪斜时，先将锯条尽量调紧绷直，然后将锯条置于锯缝歪斜的起始点，左手扶住钢锯架，适度用力向锯缝的弯曲侧倾斜，然后以短行程、慢速锯削，直至修正锯缝后再恢复正常锯削。

6. **锉削**

(1) 锉削的定义　锉削是用锉刀对工件表面进行切削加工，使工件达到所要求的尺寸、形状和表面粗糙度值的操作。锉削精度可以达到 0.01mm，表面粗糙度值可达 $Ra0.8\mu m$。

锉削的应用范围很广，可以锉削平面、曲面、外表面、内孔、沟槽和各种形状复杂的表面，还可以配键、做样板、修整个别零件的几何形状等。

(2) 锉刀　锉刀是锉削加工的主要工具，一般是用碳素工具钢 T12 或 T13 经热处理后，再将工作部分淬火制成的一种小型生产工具。

1) 锉刀的结构。锉刀由锉身、锉刀尾和锉刀柄组成，其中锉身包括锉刀面、锉刀边、面齿和底齿，如图 1-22 所示。

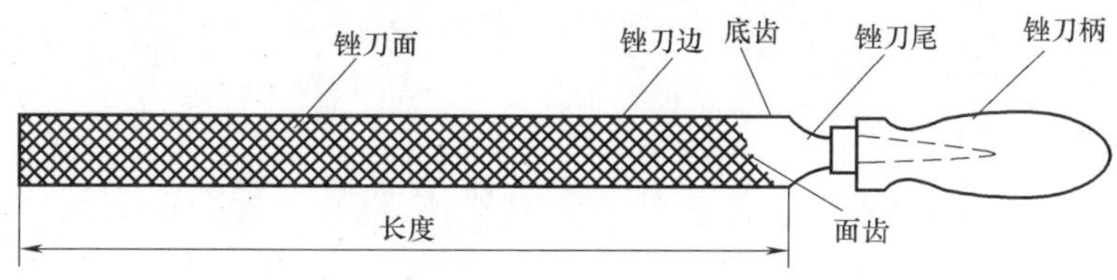

图 1-22　锉刀的结构

2) 锉刀的类型与规格。

① 锉刀的类型：常用的锉刀有普通钳工锉刀、异形锉刀和整形锉刀三类。其中，普通钳工锉刀是锉削加工中应用最广泛的一类锉刀，按其断面形状不同，分为平（扁）锉、方锉、三角锉、半圆锉和圆锉五种，如图 1-23 所示。

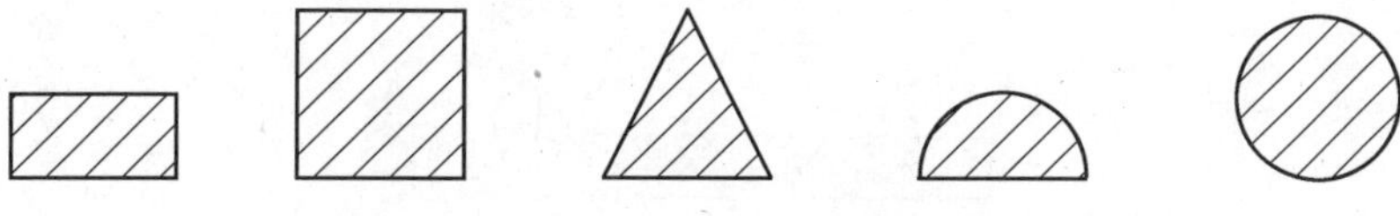

图 1-23　普通钳工锉刀的断面形状

② 锉刀的规格：锉刀的规格主要有尺寸规格和粗细规格。

尺寸规格一般以锉刀长度来表示，普通钳工锉刀以锉身长度作为尺寸规格，异形锉刀和整形锉刀以锉刀的全长作为尺寸规格。

粗细规格按锉纹号来表示，即以每 10mm 轴向长度内的锉纹条数划分为 1、2、3、4、5 级，依次为粗齿锉刀、中齿锉刀、细齿锉刀、双细齿锉刀和油光锉刀。

3) 锉刀的选用。

合理选用锉刀是保证锉削质量、加工效率与锉刀使用寿命的前提。一般情况下，粗齿锉刀、中齿锉刀主要用于加工余量大、加工精度低和表面质量要求不高的工件的粗加工；细齿锉刀主要用于加工余量小、加工精度高和表面质量要求高的工件的半精加工；双细齿锉刀用于修整性加工；油光锉刀主要用于表面光整加工。

4) 锉刀柄的装卸方法。

锉削时，为了握持锉刀和传递推力，锉刀必须装上锉刀柄。锉刀柄一般用硬木或塑料制成，分为大号、中号、小号三种规格，一般根据锉刀的长度配置适合的锉刀柄。

装拆锉刀柄时，应在台虎钳上进行。

① 安装锉刀柄时，左手大拇指与其他四指捏住锉刀柄，右手大拇指与其他四指捏住锉身，如图 1-24 所示，将锉刀尾插入柄孔，并在台虎钳上面垂直向下适当用力镦紧。

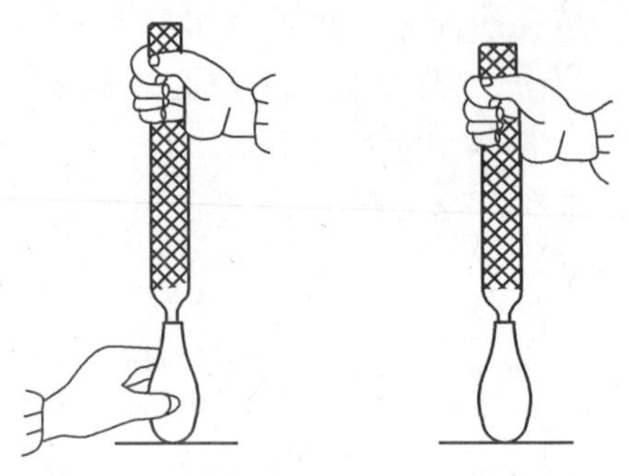

图 1-24　锉刀柄的安装

② 拆卸锉刀柄时，左手捏住锉刀柄，右手捏住锉刀身，在台虎钳两钳口上往下用力碰撞，或水平方向适当用力撞击锉刀柄以退出，如图 1-25 所示。

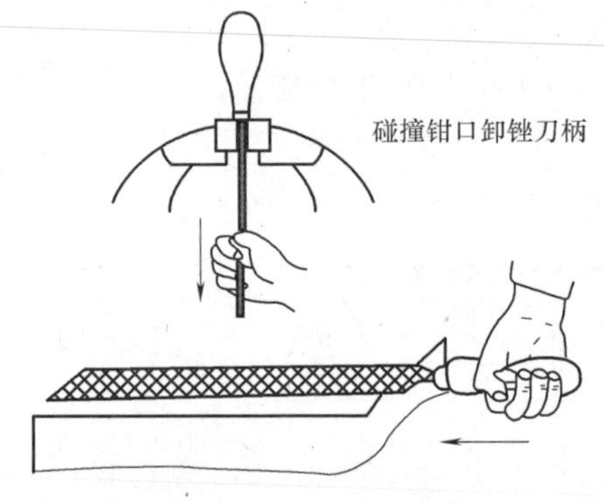

图 1-25　锉刀柄的拆卸

5）锉刀的保养。

① 一般情况下，锉刀要先用一面，用钝后再用另一面；或在锉刀的两锉刀面中，中凹的一面尽量用于粗加工，中凸的一面尽量用于半精加工或精加工。

② 不要用锉刀锉削毛坯的硬皮或钢件淬硬表面，否则锉刀面会快速磨损，可用平锉刀两侧的边锉纹来锉削较硬的表面。

③ 锉削过程中，要充分使用锉刀的有效全长，避免使用锉刀局部进行锉削，否则易使锉齿局部磨损。

④ 发现切屑嵌入锉纹槽内，或者锉刀每次使用完后，应用铜丝刷或薄口黄铜片顺着齿纹方向清理干净嵌入的切屑，如图 1-26 所示。

⑤ 严禁将锉刀作为撬杠或锤子使用。

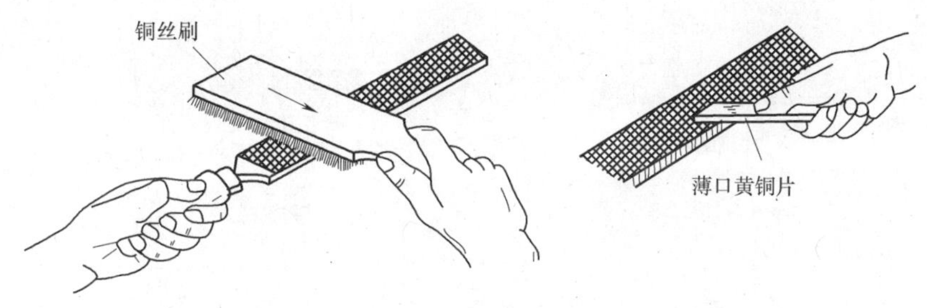

图 1-26　清除切屑

⑥ 锉削中不允许用手摸锉削表面，以免再锉时发生打滑，锉身上不允许沾水、沾油。

⑦ 用整形锉刀锉削时，用力不要过大，以防止整形锉刀折断。

⑧ 不允许使用未安装锉刀柄的锉刀，或锉刀柄已经开裂、松动的锉刀锉削。

⑨ 锉刀不能与锉刀或其他工具、量具和工件等重叠放置，防止损坏锉齿。

⑩ 锉刀放在钳工台上时，不允许伸出钳工台的边沿，以防止因碰撞掉下砸伤脚或摔坏锉刀。

⑪清除铁屑时不允许用手擦，更不允许用嘴吹。

（3） 锉削方法

1） 锉刀的握法。

一般用右手握住锉刀柄，柄端贴靠在大拇指肌肉的根部，大拇指放在锉刀柄的上部，大拇指根部压在锉刀头上，其余四指满握手柄自然弯向手心并拢，如图 1-27 所示。

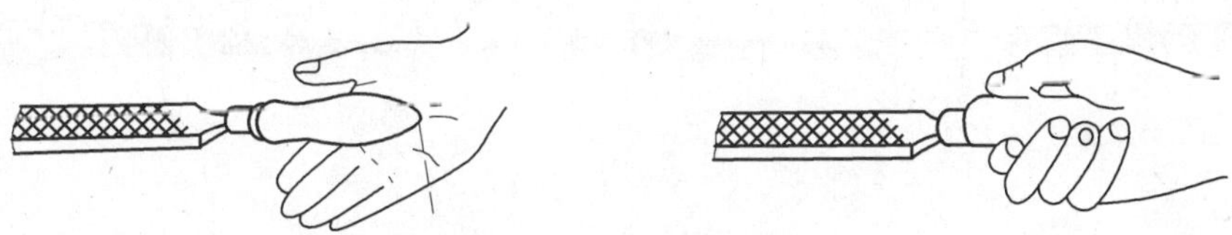

图 1-27　右手握锉法

按锉刀的大小和形状不同，锉刀有多种不同的握持方法，有手掌压锉法、手掌扣锉法、手指按压锉法、双手抱锉法、横推握锉法、掰锉法、牵锉法、整形锉正握法、整形锉反握法等，如图 1-28 所示。

2） 手臂姿势。

锉削时，以锉刀长度方向的中心线为基准。右手握持锉刀柄时，右前臂基本与锉刀中心线成一条直线，身体位置与台虎钳中心平面约成 45°角。在锉削运动中，手臂姿势有并肩法和展肩法两种，如图 1-29 所示。

3） 站立姿势。

锉削时，身体位置与台虎钳中心平面约成 45°角，两脚大致与肩同宽，左脚向前迈半步且与台虎钳中心平面约成 30°角，右脚与台虎钳中心平面约成 75°角，身体重心偏向左脚，右脚自然伸直，不要过于用力，右膝随锉削的往复运动而屈伸，视线盯着工件的切削部位，如图 1-30 所示。

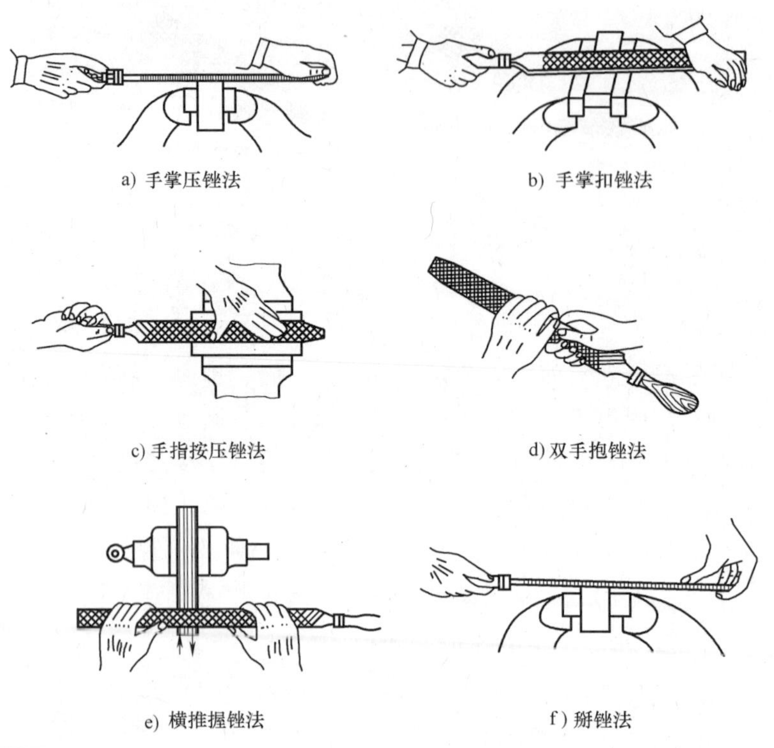

a) 手掌压锉法　b) 手掌扣锉法

c) 手指按压锉法　d) 双手抱锉法

e) 横推握锉法　f) 掰锉法

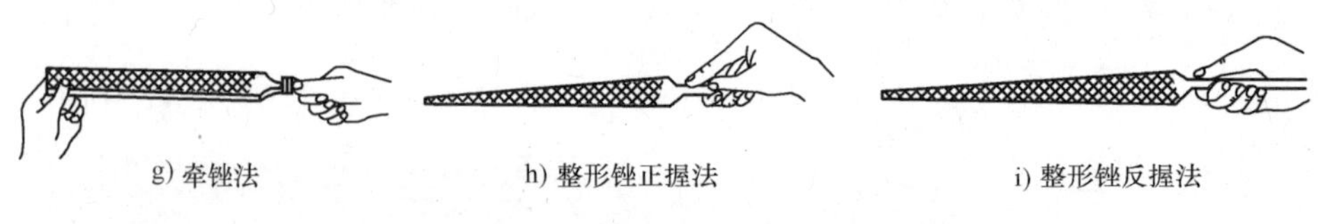

g) 牵锉法　h) 整形锉正握法　i) 整形锉反握法

图 1-28　锉刀的握法

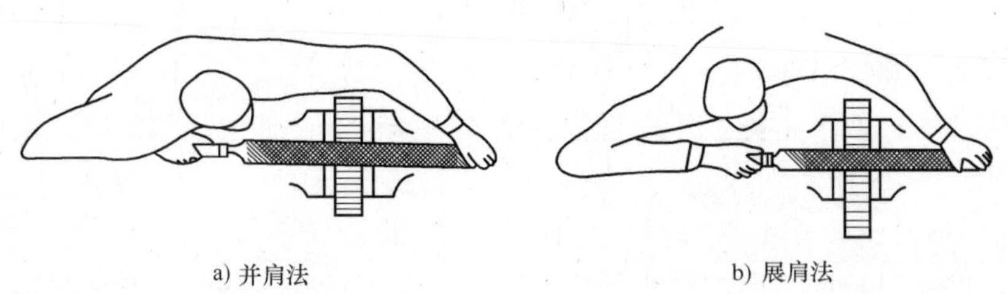

a) 并肩法　b) 展肩法

图 1-29　锉削时手臂姿势

4）锉削操作姿势。

锉削时，在锉刀向前锉削的过程中，身体稍向前倾斜 10°左右，右肘尽量向后缩；开始锉削到前 1/3 行程时，身体前倾 15°左右，重心在左脚，左膝微弯曲；锉削到中 1/3 行程时，右肘向前推进锉刀，身体倾斜 18°左右；锉削到后 1/3 行程时，右肘继续向前推进锉刀，身体随锉削时的反作用力自然地退回到 15°左右；将身体重心后移，使身体恢复原

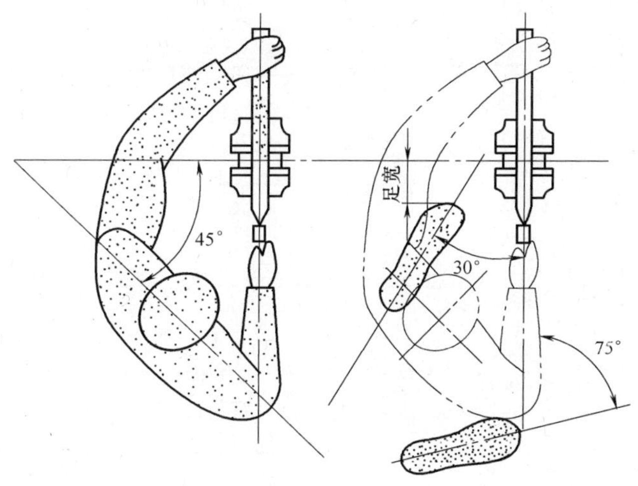

图 1-30　锉削时站立姿势

位，同时将锉刀稍微抬起收回，至此完成一个锉削行程；在收回即将到位时，身体再开始做第二次锉削运动。

除了准备动作，一个锉削行程分为锉刀推进行程和锉刀回退行程两个阶段，锉削速度约 40 次/min，推进行程时稍慢，回退行程时稍快，如图 1-31 所示。

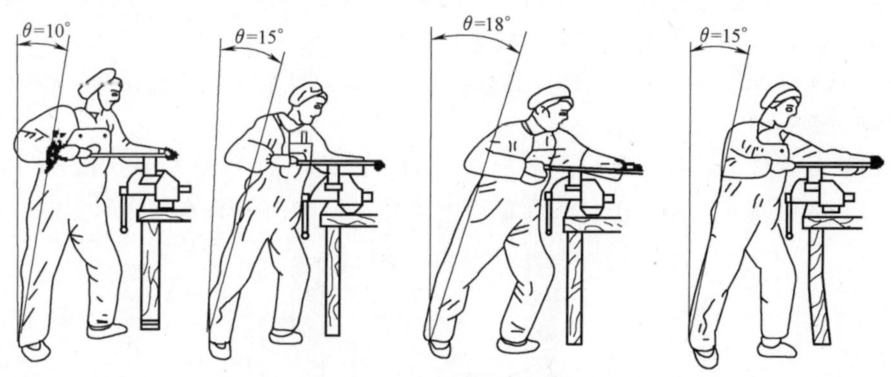

图 1-31　锉削操作姿势

5）锉削力矩的平衡。

锉削时，两手姿势必须要保证锉刀平直，进退锉刀的两手下压力应平衡。锉削力是由水平推力和垂直压力两者合成的，水平推力主要由右手控制，垂直压力由两手控制。在锉削时，由于锉刀两端伸出工件的长度在不断变化，因此两手对锉刀的压力大小也必须跟随着变化，如图 1-32 所示，操作要点为：两手压力应开始时左大右小，中间左右相同，结束时左小右大。

6）锉削工件的装夹。

工件必须牢固地夹持在台虎钳上，伸出钳口不能太高，约 10mm 左右，伸出太高会使工件在锉削时产生振动，发出刺耳的响声。

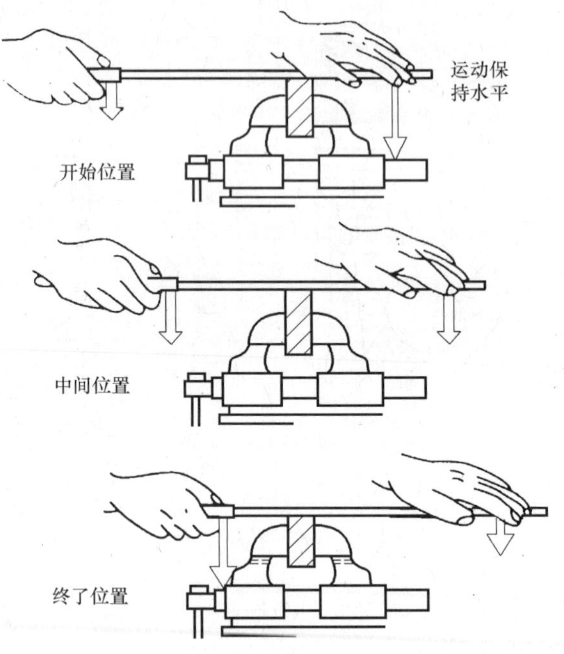

图 1-32　锉削力矩的平衡

装夹已加工表面时，应在台虎钳钳口加上铜垫片或其他较软的钳口垫片。

装夹工件时，拧紧力不能太大，以免工件发生变形。

（4）平面锉削方法　锉削平面时一般有顺向锉法、交叉锉法和推锉法三种锉削方法。

1）顺向锉法。

顺向锉法是指锉刀始终沿着同一方向运动的锉削，如图 1-33 所示。此法可得到顺直的锉痕，较整齐美观，适用于工件表面最后的锉光，但锉削技术差时易产生中凸现象。

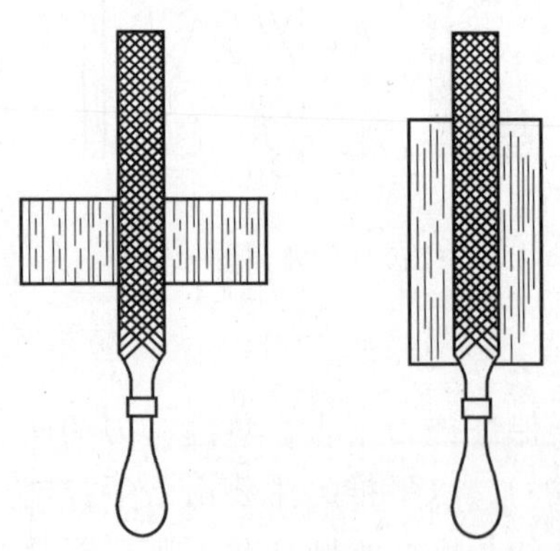

图 1-33　顺向锉法

2）交叉锉法。

交叉锉法是从两个方向交叉对工件进行锉削，如图 1-34 所示。锉刀运动方向与工件夹持方向成 30°~45°角，锉削时锉刀与工件的接触面增大，较容易掌握好锉刀的平稳。此

法可从锉痕上显示出锉削面的高低情况，并较容易把高处锉去，表面容易锉平，但锉纹交叉不美观。

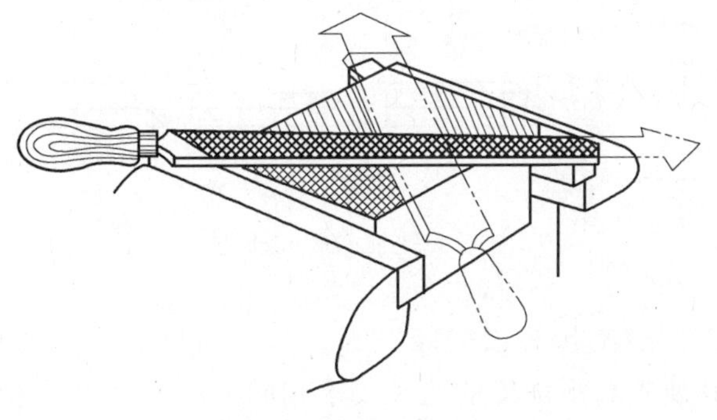

图 1-34 交叉锉法

3）推锉法。

推锉法是用两手对称地横握锉刀，用大拇指平衡地沿工件表面来回推动进行锉削的方法，如图 1-35 所示。此法在操作时锉刀的平衡容易掌握，切削量较小，可获得较平的锉削表面、较小的表面粗糙度值和顺直的锉纹，光亮美观，但锉削效率不高，适用于精锉和修顺锉纹。

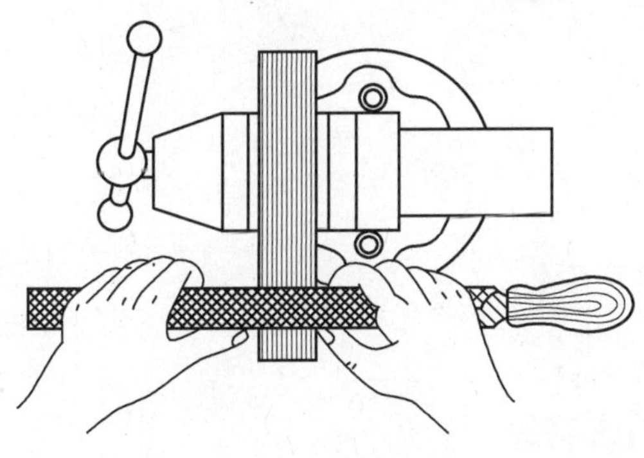

图 1-35 推锉法

（5）锉削平面的检验 平面锉削时的检验内容包括平面度的检验和垂直度的检验。

1）平面度的检验。

在平面的锉削过程中或锉好后，通常采用刀口形直尺以透光法来对工件进行平面度的检验，如图 1-36 所示。刀口形直尺沿锉削面的横向、纵向、对角线方向进行检查，根据刀口与工件表面之间的透光强弱程度来判断平面度的误差。工件表面透光线强弱不均，说明该检测处凸凹不平，透光强处为凹，光线越强则凹得越深，透光弱处为凸，不透光处则为最高处。

2）垂直度的检验。

在检验之前，先用细齿锉刀将工件的锐边倒钝，再用直角尺以透光法来检验工件，如图 1-37 所示。用直角尺进行检验时，将直角尺的基准面轻轻地贴紧在工件的基准面上，

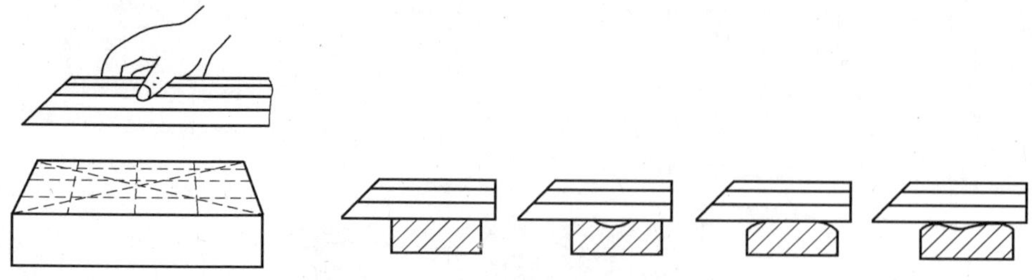

图 1-36　平面度的检验

直角尺的测量面再与工件被测量表面轻轻贴上，当直角尺的测量边垂直接触到检测表面时，用透光法检验。其要求与平面度的检验要求相同。注意直角尺不能斜放，不能在被测量表面上滑动，否则会造成直角尺磨损，缩短使用寿命，且检测结果不准确。

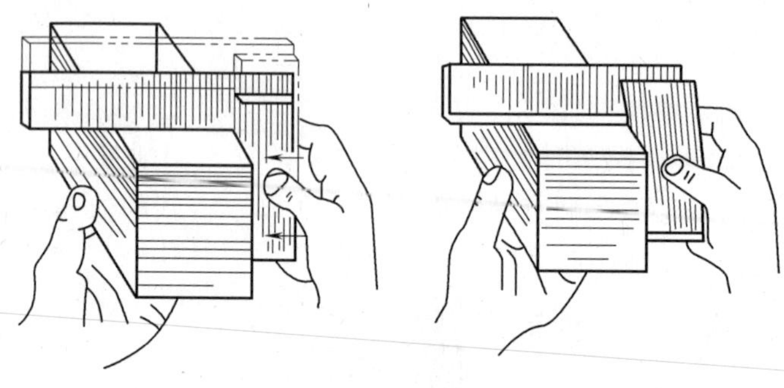

图 1-37　垂直度的检验

任务实施

一、制订正确的工艺路线

请根据零件的加工要求，分别从表 1-3 中选择零件的工艺简图，从表 1-4 中选择零件的工艺内容，按正确顺序填写在表 1-5 零件的加工工艺中，并从附录 A～C 中选择合适的工、量、刃具完善表 1-5 中的其他内容。

表 1-3　T 形俄罗斯方块零件的加工简图

序 号	工 艺 简 图	序 号	工 艺 简 图
1	19 D　B C　A 19	2	38 B A 19

（续）

序号	工艺简图	序号	工艺简图
3		9	
4		10	
5		11	
6		12	
7		13	
8		14	

表 1-4　T 形俄罗斯方块零件的加工工艺

序号	工步内容	序号	工步内容
1	锉削另外两侧面，保证其与基准面垂直，并保证尺寸 38mm 和 57mm	8	根据图样尺寸利用基准面对零件进行划线，完成后要检查一遍，确保划线的准确性
2	锯削去除非基准面的余料	9	下料保证尺寸大于 58mm×38mm
3	去除毛刺	10	精加工 C、D 面保证尺寸 19mm、19mm
4	锯削左直角工艺槽	11	精加工 A、B 面保证尺寸 19mm、38mm
5	锯削去除另一处余料	12	粗锉 A、B 面
6	整个零件检测一遍	13	检测毛坯总体情况，锉削一直角作为基准面
7	粗加工 C、D 面	14	锯削左直角工艺槽

表 1-5　________零件的加工工艺

工艺序号	工艺简图号码	工步内容号码	使用工具	使用量具	加工刀具	备注

二、加工注意事项

加工 T 形俄罗斯方块的过程中，需要注意的事项见表 1-6。

表 1-6　T 形俄罗斯方块加工注意事项

类别	序号	注意事项内容	备　注
常规项	1	加工前,应先检查毛坯尺寸是否达标	60mm×170mm×10mm
	2	工、量、刀具应摆放规范、整齐,禁止叠放	
	3	划针应保持尖锐,不用时划针不能插入口袋中,以免扎伤	
	4	在台虎钳上夹紧工件时,不得用锤子敲打台虎钳的螺丝扳杆,也不得用过重过大的锤子敲击被夹持的工件	
加工项	1	锉削毛坯表面的黑皮时,须采用锉刀的侧面直齿去除黑皮	
	2	选择有关的外表面作为划线和测量的基准,以保证基准面达到最小几何误差要求	
	3	划线应整体一次到位,使划出的线条均匀、清晰、准确,不要重复划线,否则线条变粗,划线模糊不清	
	4	划线完成后应按照图样仔细地进行对照检查,确认无误后方可下锯,下锯时应预留锉削加工余量,避免锯开后才发现错误而造成产品报废	
	5	由于受测量工具的限制,加工 19mm 凸台时,只能先加工一直角面,至达到尺寸要求后,再加工另一直角面,否则无法保证对称度要求,从而影响装配精度	重点
	6	工件加工时应注意控制各加工面之间平行、垂直,及凸台两侧台阶的高度尺寸对称,以免影响配合面之间间隙过大及造成外形不美观	重点
	7	注意内角的清理	
	8	加工完成后要去除工件表面的毛刺	
检测项	1	使用直角尺、刀口形直尺等测量工具时不得碰撞,应确保棱边的完整性,避免影响测量精度和产生锈蚀	
	2	用刀口形直尺检测平面度时,要横向、纵向、对角线方向分别用光隙法检测,且刀口形直尺要轻轻放置在工件表面,不能在工件表面推动	

（续）

类别	序号	注意事项内容	备　注
检测项	3	用直角尺检测垂直度时要垂直向下放置，不能斜放，否则会造成检测结果不准确	
	4	使用卡钳测量时，切不可把卡钳使劲地往测量面上卡去，这样会使两个卡爪往外弹开发生变形，影响测量精度。测量时，应将工件放稳，按实际情况将卡钳垂直或平行于工件轴线方向进行检验，不能倾斜	

三、装配注意事项

T 形俄罗斯方块的装配流程如图 1-38 所示。装配时要注意以下几点：

1）检测各工件加工后的尺寸精度，对未达标工件应及时修整，并去除毛刺。

2）熟悉装配图、加工艺及要求。

3）给所有工件进行编号，如图 1-38d 所示。

4）参照装配流程图进行 T 形俄罗斯方块的装配，注意各工件之间的装配关系。

5）如不能按要求顺利装配或配合精度不达标，应对不合格工件或相应工件进行调整，然后再次装配。

6）装配完成后，应对照图 1-3 图样要求检测各配合尺寸。

7）整理工作场地。

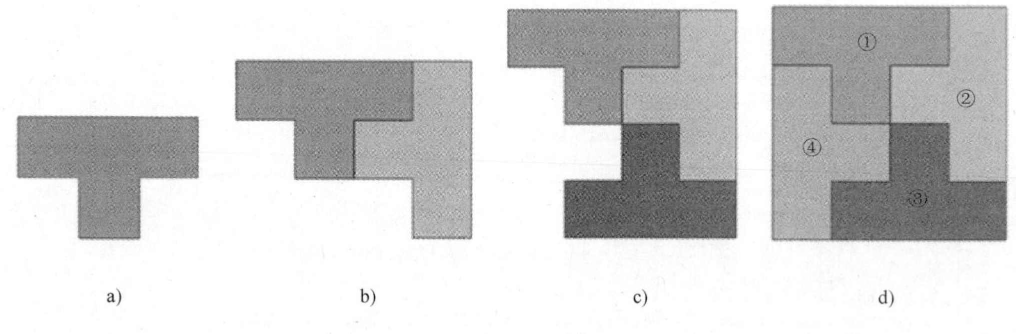

图 1-38　T 形俄罗斯方块装配流程

学习评价

一、学习过程评价

请根据本次任务学习过程中的实际情况，在表 1-7 中对自己及学习小组进行评价。

表 1-7　学习过程评价表

学习小组：________　　姓名：________　　评价日期：________

评价人	评价内容	评价等级	情况说明
自我评价	能否按 5S 要求规范着装	能 □　不确定 □　不能 □	
	能否针对学习内容主动与其他同学进行沟通	能 □　不确定 □　不能 □	
	能否叙述 T 形俄罗斯方块零件的加工工艺过程	能 □　不确定 □　不能 □	
	能否规范使用工、量、刀具及钻孔设备加工零件	能 □　不确定 □　不能 □	
	你所负责加工的 T 形俄罗斯方块零件的完成情况如何	按图样要求完成 □ 基本完成 □　没有完成 □	
	能否独立且正确检测零件尺寸	能 □　不确定 □　不能 □	
小组评价	小组所使用的工、量、刀具能否按 5S 要求摆放	能 □　不确定 □　不能 □	
	小组组员之间团结协作、沟通情况如何	好 □　一般 □　差 □	
	小组所有成员制作的零件能否正常装配完成正方体	能 □　不能 □	
教师评价	学生个人在小组中的学习情况	积极 □　懒散 □ 技术强 □　技术一般 □	
	学习小组在学习活动中的表现情况	好 □　一般 □　差 □	

二、专业技能评价

请参照零件图，使用钢直尺分别对自己负责加工的零件与小组其他零件进行检测，并把检测结果填写在表 1-8 中。

表 1-8　T 形俄罗斯方块零件质量检测表

序号	检测项目	配分	评分标准	自检结果	得分	互检结果	得分
1	长(57±0.1)mm	10	符合要求得分				
2	宽(38±0.1)mm	10	符合要求得分				
3	高(10±0.1)mm	10	符合要求得分				

（续）

序号	检测项目	配分	评分标准	自检结果	得分	互检结果	得分
4	长(19±0.1)mm	10	符合要求得分				
5	宽(19±0.1)mm 两处	20	符合要求得分				
6	对称度 2 处	10	每处不合格扣 5 分				
7	表面粗糙度值	10	每处 $Ra3.2\mu m$ 降一级扣 2 分				
8	配合长 76mm	10	符合要求得分				
9	配合宽 76mm	10	符合要求得分				
合计		100					

课后作业

请结合本次任务的学习情况，在课后制作一份 A3 幅面的手抄表。要求如下：

1）归纳本次任务所学会的知识、技能。

2）加工 T 形俄罗斯方块零件过程中，总结自己或者学习小组出现的问题及解决方法。

3）总结学习心得与反思。

4）版面清晰，字迹工整，图文并茂，体现创新思想。

学习任务 2

鲁班锁的制作

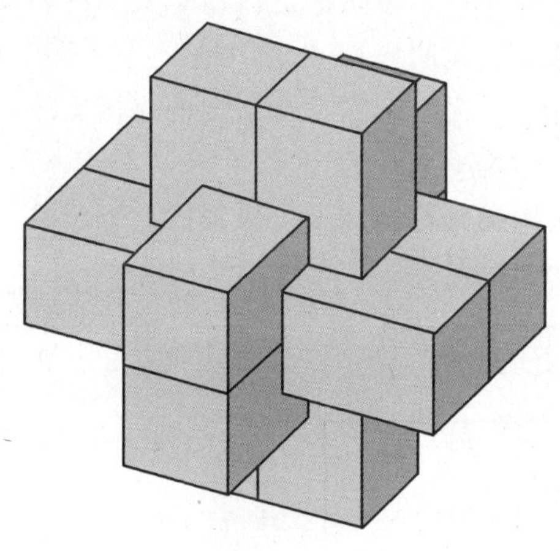

图 2-1　鲁班锁

学习内容

本次任务主要学习以下知识：

1. 游标卡尺的使用。
2. 划线相关知识与划线操作。
3. 钻孔相关知识与钻孔加工。
4. 錾削相关知识与錾削加工。
5. 选择鲁班锁（图 2-1）的加工工艺。
6. 制作鲁班锁零件。
7. 鲁班锁零件的质量检测。

学习目标

完成本学习任务后，应掌握以下技能：

1. 在加工中利用游标卡尺测量零件。
2. 根据零件图要求，利用工量具进行鲁班锁的划线操作。
3. 利用钻床进行钻孔加工。
4. 利用錾子去除材料。
5. 正确选择自己负责加工零件的加工工艺。
6. 正确完成自己负责零件的加工，最终小组配合完成鲁班锁的装配。
7. 利用量具对鲁班锁零件进行质量检测。

任务描述

鲁班锁，也称八卦锁、孔明锁，曾是广泛流传于我国民间的智力玩具，是中国古代汉族传统的土木建筑固定结合器，民间还有“别闷棍”“六子联方”“莫奈何”“难人木”等叫法。它不使用钉子和绳子，完全依靠自身结构的连接支撑，就像一张纸对折一下就能够立起来，看似简单、却凝结着不平凡的智慧。

现有企业订单，要求利用金属材料加工鲁班锁的益智玩具，数量若干。各零件图及鲁班锁装配图如图 2-2~图 2-5 所示。

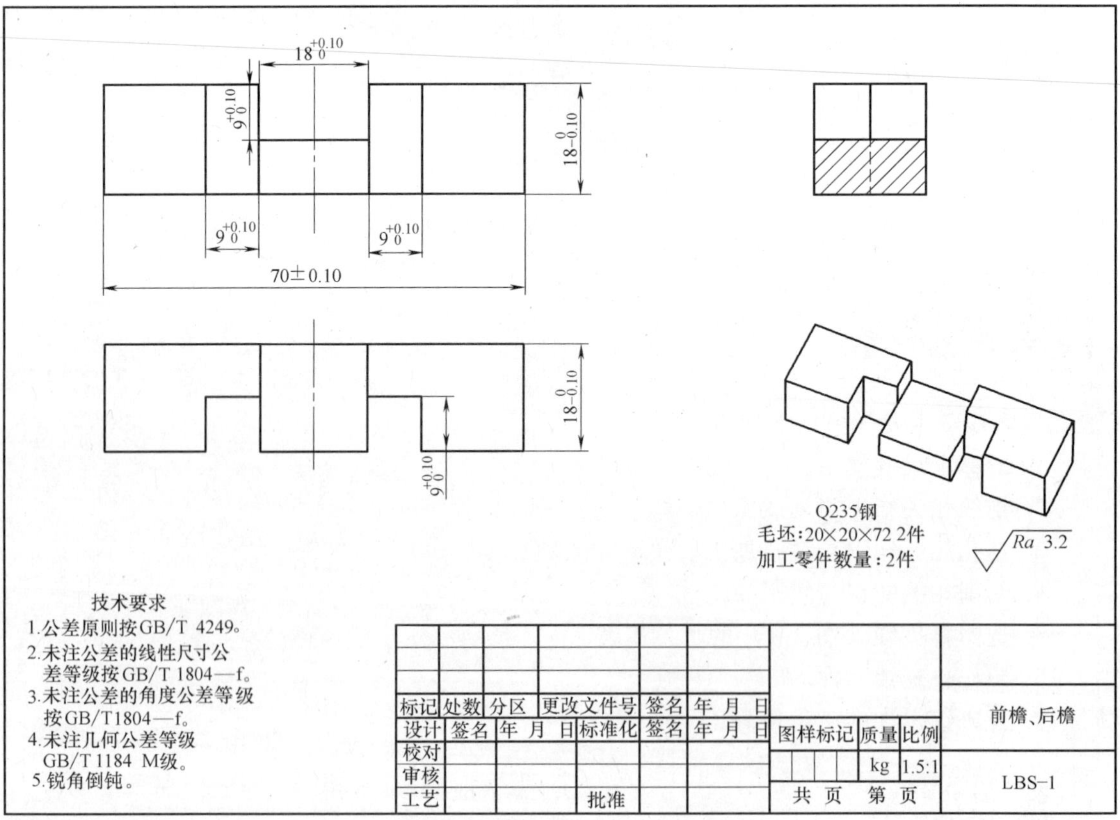

$18^{+0.10}_{0}$　$9^{+0.10}_{0}$　$18^{0}_{-0.10}$　$9^{+0.10}_{0}$　$9^{+0.10}_{0}$　70 ± 0.10　$18^{0}_{-0.10}$　$9^{+0.10}_{0}$

Q235钢
毛坯:20×20×72 2件
加工零件数量:2件
Ra 3.2

技术要求
1.公差原则按GB/T 4249。
2.未注公差的线性尺寸公差等级按GB/T 1804—f。
3.未注公差的角度公差等级按GB/T1804—f。
4.未注几何公差等级GB/T 1184 M级。
5.锐角倒钝。

标记	处数	分区	更改文件号	签名	年 月 日				前檐、后檐
设计	签名	年 月 日	标准化	签名	年 月 日	图样标记	质量	比例	
校对							kg	1.5:1	LBS–1
审核									
工艺			批准			共 页	第 页		

图 2-2　鲁班锁前檐、后檐

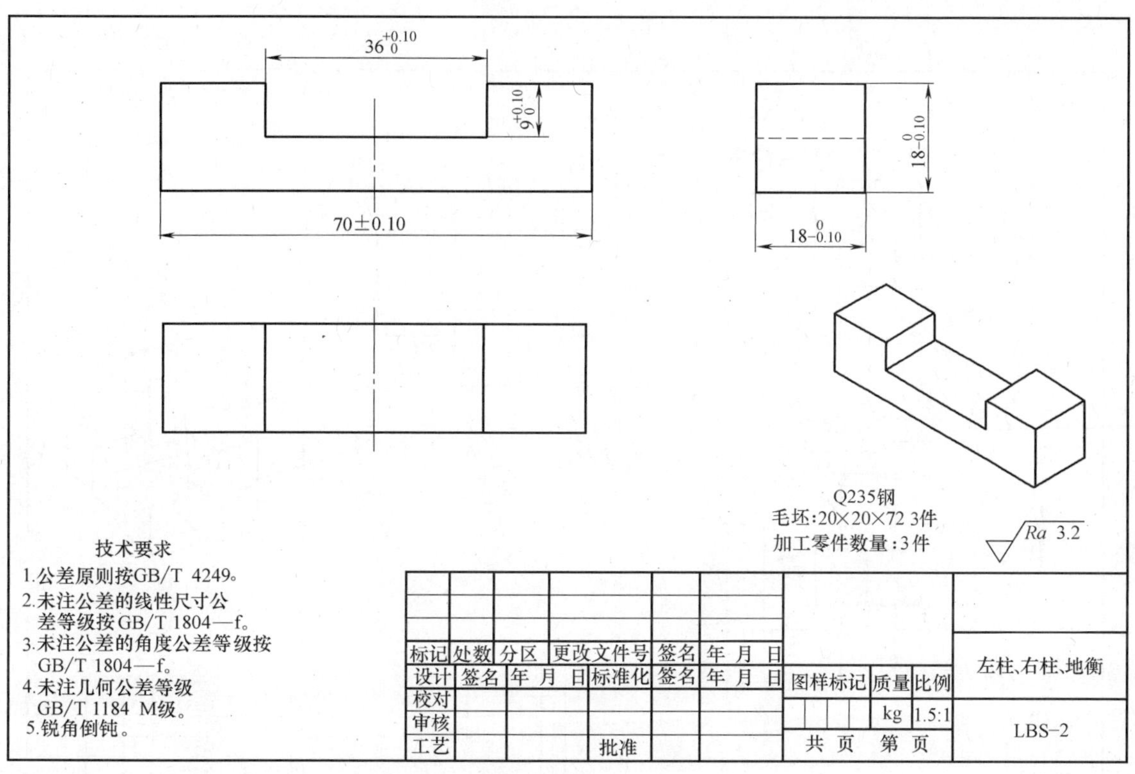

图 2-3 鲁班锁左柱、右柱、地衡

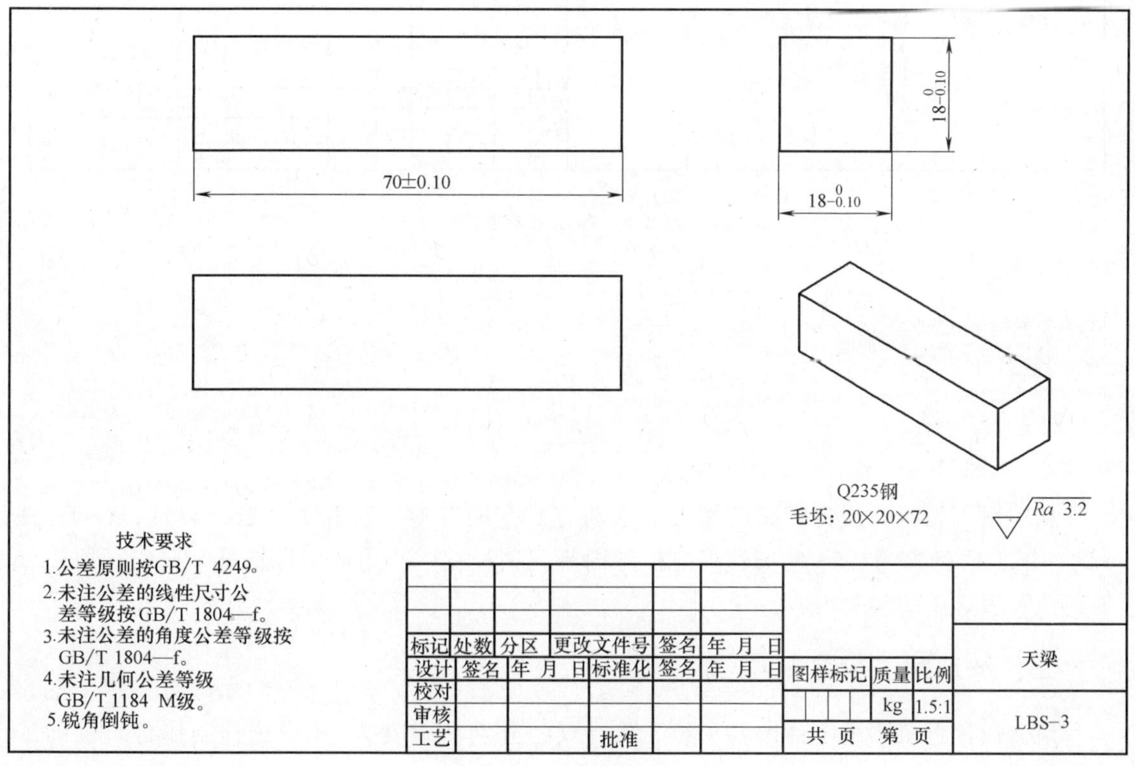

图 2-4 鲁班锁天梁

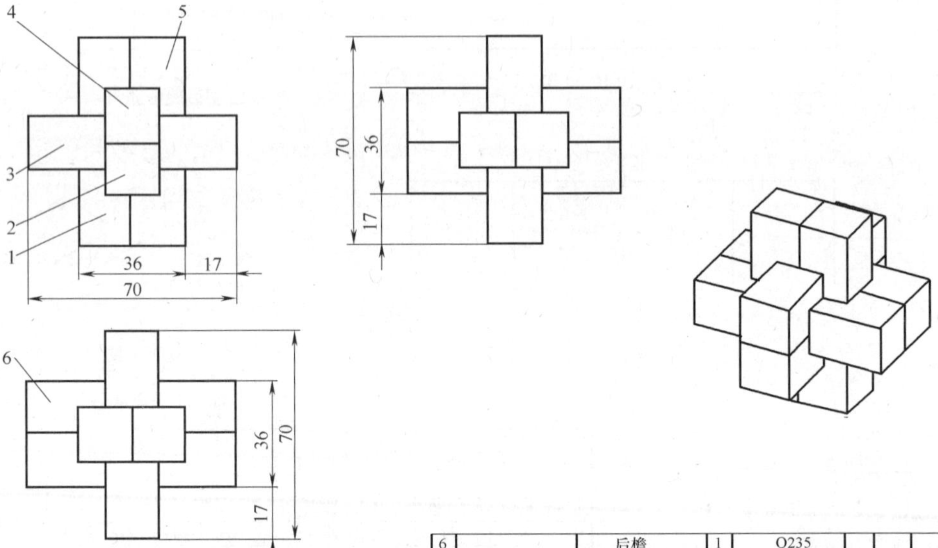

技术要求

1.装配时应顺畅无阻滞。
2.配合后松紧适中。
3.锐角倒钝。

序号	代号	名称	数量	材料	单件质量	合计质量	备注
6		后檐	1	Q235			
5		右柱	1	Q235			
4		天梁	1	Q235			
3		前檐	1	Q235			
2		地衡	1	Q235			
1		左柱	1	Q235			

标记	处数	分区	更改文件号	签名	年 月 日	图样标记	质量	比例	鲁班锁装配图
设计	签名	年 月 日	标准化	签名	年 月 日		kg	1:1	LBSPT
校对						共 张 第 张			
审核									
工艺			批准						

图 2-5　鲁班锁装配图

任务分析

一、制订工作计划

利用钳工技能完成鲁班锁的加工，分别需要完成选料，选取工、量、刀具，件 1~件 6 的加工，质量检测，5S 现场管理等任务内容，请根据本小组的实际情况，与组员协商分工，填写表 2-1 的相关内容。

二、选取加工设备

请你根据鲁班锁的零件图及小组工作计划，分别从附表 A~C 中选择制作鲁班锁的工具、量具、刀具，并填写在表 2-2 中。

表 2-1　小组分工合作计划

组　名		小组成员			
序　号	任　务　内　容		计划用时	完成时间	负 责 人

表 2-2　加工鲁班锁的工具、量具、刀具

序号	名　　称	规格型号	数　　量	备　　注

三、知识准备

1. 游标卡尺

（1）定义及结构　游标卡尺是一种测量长度、内外径、深度的量具。游标卡尺主要由尺身、游标尺和深度尺构成，如图 2-6 所示。

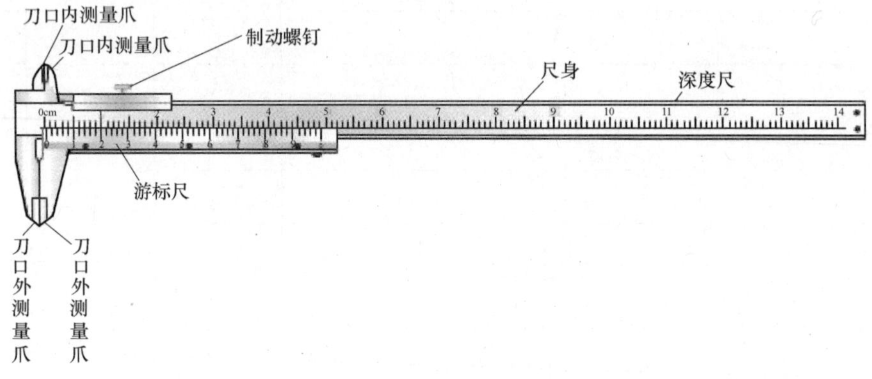

图 2-6　游标卡尺的结构

（2）分度值　根据游标尺上的分格数量不同，游标卡尺可分为 10 分度游标卡尺、20 分度游标卡尺、50 分度游标卡尺，游标尺上的分度值分别为 0.1mm、0.05mm、0.02mm，如图 2-7～图 2-9 所示，而尺身的标尺间隔均为 1mm。

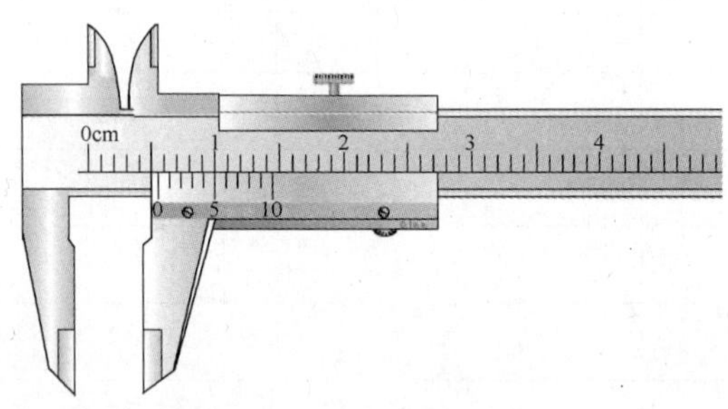

图 2-7　10 分度游标卡尺

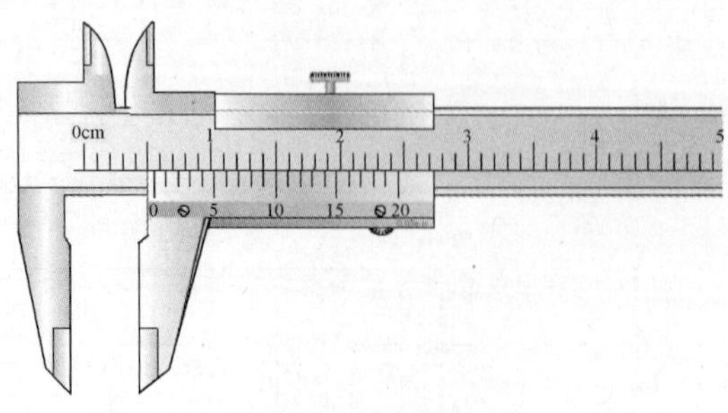

图 2-8　20 分度游标卡尺

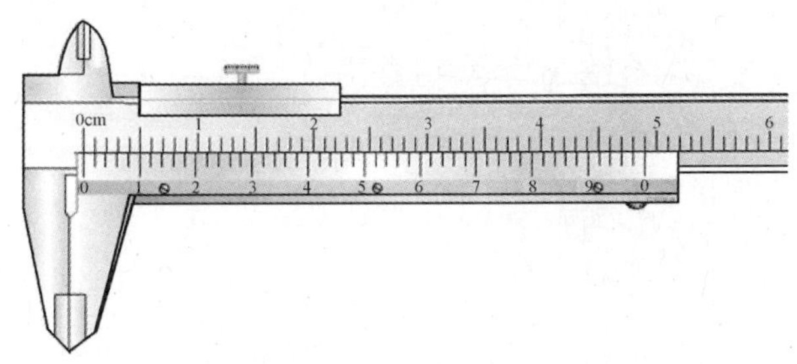

图 2-9　50 分度游标卡尺

（3）读数原理　读数时，首先校正尺身 0 线与游标尺 0 线对齐，再以游标 0 线为基准，读取尺身上处于游标尺 0 线左侧的标尺间隔数目为整数部分，然后看游标尺上与尺身标尺标记对齐的游标尺的相应标尺标记，读取小数部分，即

$$L_{总读数}=整数部分+小数部分$$

以 50 分度（把 1mm 分成 50 等份）游标卡尺为例，分度值为 0.02mm，即游标尺上的标尺间隔为 0.02mm，游标尺上的数字为小数点后的十分位，即 1 个标尺间隔表示 0.1mm，2 个标尺间隔表示 0.2mm，以此类推。如图 2-10 所示，尺身上的读数为游标尺 0 线左侧，为 6 个标尺间隔，所以整数部分读数为 6mm；游标尺上数字 7 右边第 4 条标尺标记与尺身标尺标记对齐，则读数为 $L=6\text{mm}+0.78\text{mm}=6.78\text{mm}$。

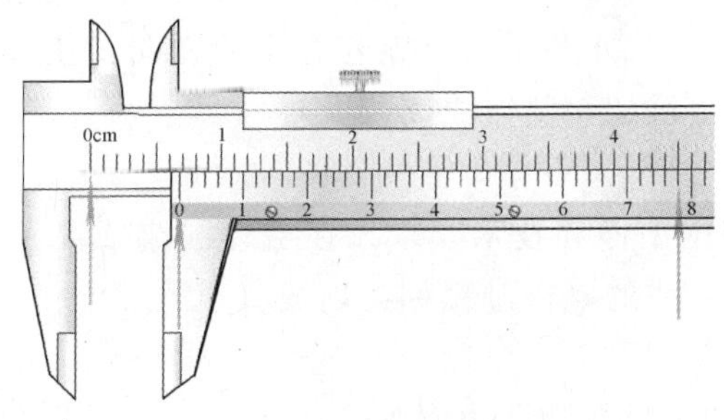

图 2-10　读数

（4）使用方法及应用范围

1）测量前：先去除工件毛刺，再用软布将量爪擦干净，检查卡尺的两个测量面和测量刀口是否平直无损，使其并拢时应无明显的间隙，查看游标尺和尺身上的 0 线是否对齐。如果对齐就可以进行测量，如没有对齐则要记取零误差，并把零误差值累积在计数结果上。

2）测量时：右手拿住尺身，大拇指移动游标，左手拿待测外径（或内径）的物体，使待测物位于刀口外测量爪之间，当与量爪紧紧相贴，且目光垂直尺身标尺上时，即可读数，如图 2-11 所示。

（5）注意事项

1）游标卡尺是比较精密的测量工具，要轻拿轻放，不得碰撞或跌落地上。

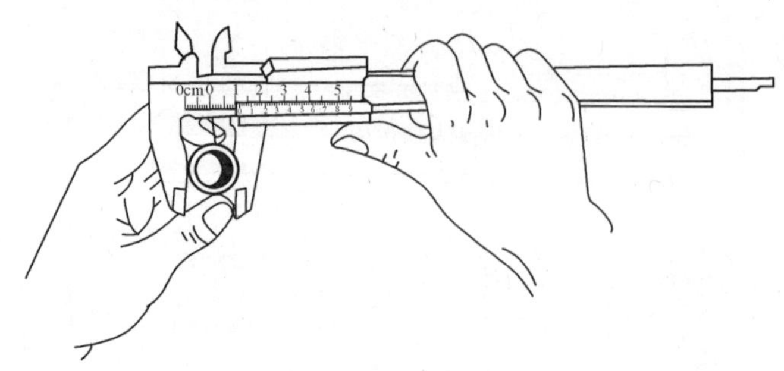

图 2-11　游标卡尺的使用

2）使用时不要用来测量粗糙的物体，以免损坏量爪，避免与刀具放在一起，以免刀具划伤游标卡尺的表面。

3）不使用时应涂上防锈油并置于干燥中性的地方，远离酸碱性物质，防止锈蚀。

4）用制动螺钉固定尺框时，卡尺的读数不应有所改变。在移动尺框时，不要忘记松开制动螺钉，也不宜过松以免掉了。

5）用游标卡尺测量零件时，不允许过分地施加压力，应使两个量爪刚好接触零件表面。

6）为了获得正确的测量结果，可以多测量几次，即在零件同一截面的不同方向进行测量。

7）读数时，应将游标卡尺水平拿着，朝着亮光的方向，使人的视线尽可能和卡尺的标尺表面垂直，以免由于视线的歪斜造成读数误差。

2. 划线

（1）划线的定义　根据图样和技术要求，在毛坯或半成品上用划线工具画出加工界限，或划出作为基准的点、线的操作过程称为划线。

（2）划线的作用

1）确定加工界限、加工余量和孔的位置等。

2）能够检查毛坯是否合格，避免后期加工造成损失。对一些局部存在缺陷的毛坯件，可以利用划线校正加工余量来进行补救，以提高工件的合格率。

3）合理分配各表面的加工余量，使切削加工有明确的尺寸界线标志。

（3）划线的基本要求

划线是加工的依据，对划线的要求是线条清晰均匀，尺寸，特别是定形尺寸、定位尺寸准确。考虑到线条宽度等因素，一般要求精度达到 0.25~0.5mm。应当注意，工件的加工精度不能完全由划线确定，而应该在加工过程中通过测量来保证。

（4）划线的分类　划线分为平面划线和立体划线两种。

1）平面划线：只需要在工件一个表面上即能明确表明加工界限的划线，如图 2-12 所示。

2）立体划线：需要在工件几个互成不同角度（一般是互相垂直）的表面上划线才能明确表明加工界限的划线，如图 2-13 所示。

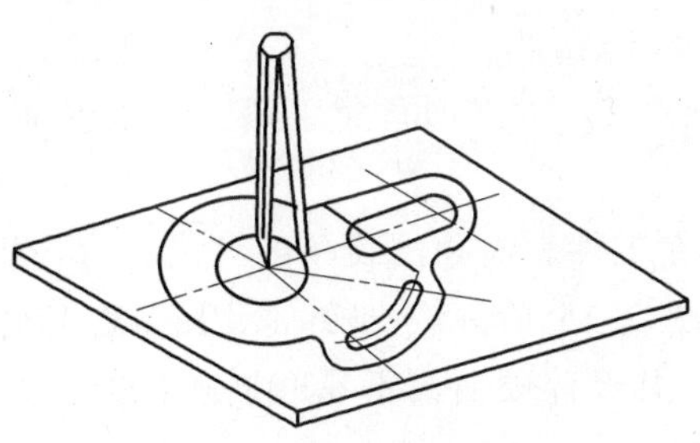

图 2-12　平面划线

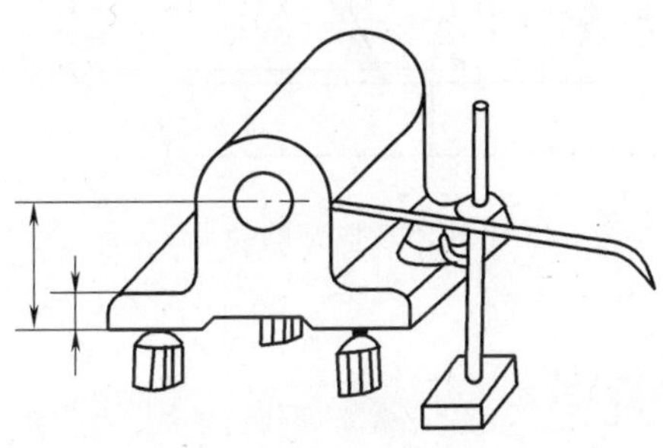

图 2-13　立体划线

（5）划线工具　常用的划线工具有划线平板、划针、划规、游标高度尺、钢直尺、样冲、划线涂料等。

1）划线平板：又称为划线平台，是由铸铁毛坯精刨和刮削制成。其作用是安放工件和划线工具，并在平台表面上完成划线工作，以保证划线的精度，如图 2-14 所示。

图 2-14　划线平板

划线平板的正确使用和保养方法如下：

① 安装时，必须使工作平面保持水平位置。

② 在使用过程中，要保持工作面的清洁，以防铁屑、灰尘等在划线过程中划伤平板表面。

③ 划线时，工件和工具在平板上要轻拿轻放，防止平板受撞击，严禁在平板上进行任何敲击工作。

④ 平板工作面的各处要均匀使用，避免局部受磨损而凹下，影响平板的平整性。

⑤ 平板使用后应擦净，涂防锈油。

⑥ 定期对划线平板进行检查，并及时调整、研磨，以保证工作面的水平度和平面度。

2）划针。

划针是钳工划线时用来在工件表面划出线条的工具，常与钢直尺、直角尺或划线样板等导向工具一起使用，如图 2-15 所示。划针常用弹簧钢丝或高速钢制成，直径为 3~6mm，尖端磨成 15°~20°，并经淬硬使其不易磨损和变钝，如图 2-16 所示。

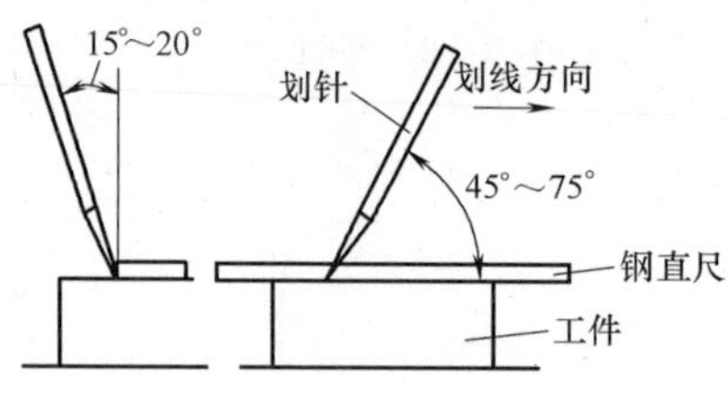

图 2-15　划针的使用

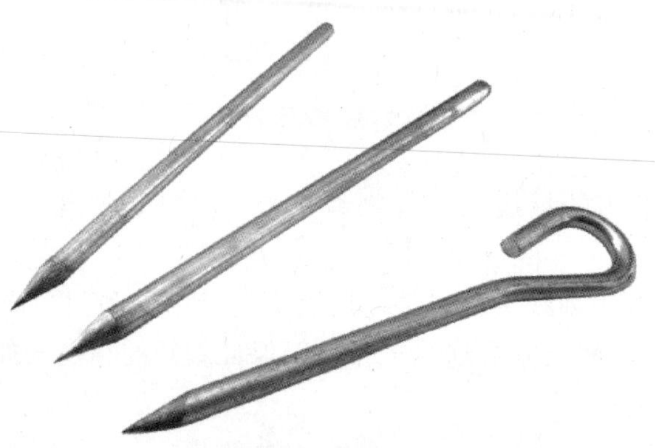

图 2-16　划针

划针使用注意事项如下：

① 对铸铁毛坯划线时，应使用焊有硬质合金的划针尖，以便保持长期锋利，其线条宽度应在 0.1~0.15mm 范围内。

② 划线时，一手压紧导向工具防止其滑动，另一手使划针紧贴导向工具的边缘，并使划针上部向外倾斜 15°~20°，同时向划线移动方向倾斜 45°~75°，如图 2-15 所示。

③ 划线要尽量一次划成，使画出的线条均匀、清晰和准确，不要重复划线。

④ 划针平时不使用时应放入笔套，划针头保持锐利。

3）划规。

划规也被称作圆规、划卡、划线规等，在钳工划线工作中可以划圆和圆弧、等分线、等分角度以及量取尺寸等，是用来确定轴及孔的中心位置、划平行线的基本工具。

钳工常用的划规有普通划规、扇形划规和弹簧划规，如图 2-17 所示。

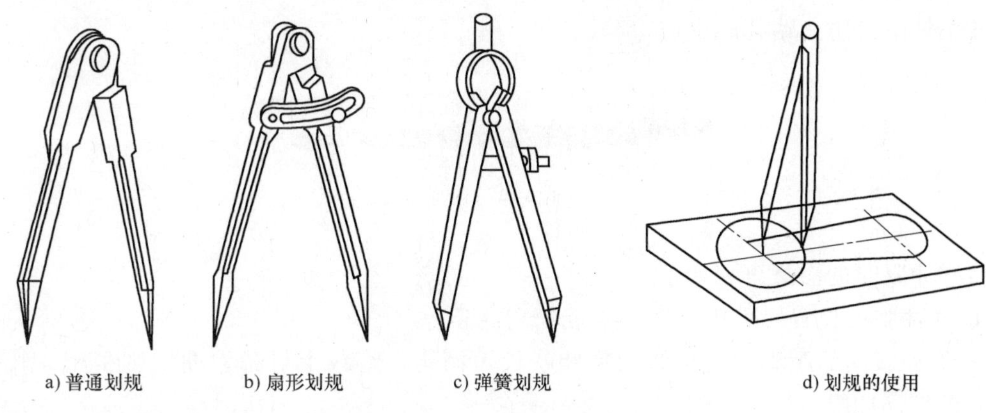

图 2-17　划规

4）高度游标卡尺。

高度游标卡尺简称高度尺，它是精确的量具及划线工具，其结构如图 2-18 所示，其分度值有 0.02mm，0.05mm，0.1mm 三种，其读数原理与游标卡尺一样。

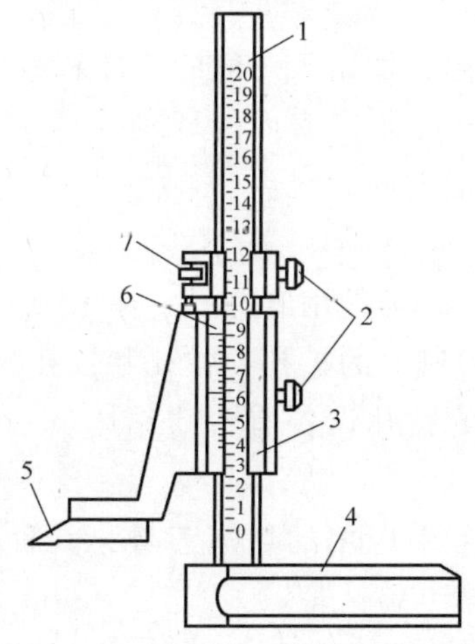

图 2-18　高度游标卡尺

1—尺身　2—制动螺钉　3—尺框　4—基底　5—量爪　6—游标尺　7—微动装置

高度游标卡尺操作要点如下：

① 使用高度游标尺进行划线操作时，基座下表面应擦拭干净，先检查刀尖是否贴紧划线平板，尺身和尺框的 0 线是否对齐。

② 划线时，基座底面应紧贴划线平板移动，防止基座晃动。

③ 划线时，刀尖应与工件被划表面约成 45°夹角，并在工件表面轻轻划过，不可用力过大，以免损坏刀尖，影响划线精度。

④ 刀尖磨坏后，应及时修整刃磨。

5）样冲。样冲用于在划出的加工线上标记定位、定心，确定轮廓线或用于在钻孔中心处冲出钻眼，防止钻孔时中心滑移。

图 2-19　样冲

打样冲眼时的注意事项如下：

① 样冲眼的位置要准确，中心不能偏离线条。

② 样冲眼间的距离要视划线的形状、长短而定，直线上可稀，曲线则稍密，转折交叉点处需打样冲眼。

③ 样冲眼的大小要根据工件材料表面情况而定，薄的工件应浅些，粗糙的工件可深些，软的工件应轻些，而精加工表面禁止打样冲眼，钻孔除外。

④ 孔中心处的样冲眼最好打得大些，以便钻孔时钻头容易对准圆心。

6）划线涂料。

为了使工件上划出的线条清晰，划线前需要在划线部位涂上一层涂料。常用的涂料有：

① 白喷漆、石灰水、锌钡白：适用于一般的铸件和锻件的划线。

② 无水涂料、品紫：适用于已加工表面的划线。

③ 墨汁：用于铸铝工件表面上的划线。

3. 钻孔

孔加工的方法主要有两类：一类是用麻花钻、中心钻在实体工件上进行的钻孔操作；另一类是用扩孔钻、锪钻和铰刀进行的扩孔、锪孔和铰孔操作。

（1）钻孔设备　钳工常用的钻孔设备有台式钻床、立式钻床、摇臂钻床和手电钻四类，如图 2-20～图 2-23 所示。

（2）钻头　钻头是钻孔过程中应用的切削刀具，其种类繁多，根据结构特点和用途可分为麻花钻、中心钻、深孔钻、扁钻等。

麻花钻是通过其相对固定轴线的旋转切削以钻削工件圆孔的工具，因其容屑槽成螺旋状而形似麻花得名。麻花钻可被夹持在手电钻、钻床、铣床、车床乃至加工中心上使用。钻头材料一般为高速工具钢或硬质合金。标准麻花钻由柄部、颈部和工作部分组成，如图 2-24 所示。

（3）划线钻孔的方法

1）工件的划线：根据图样要求，划出孔的十字中心线，然后打中心样冲眼，再按孔直径划出检查圆，最后将中心样冲眼重打扩大，以便于钻头定心。

2）装夹钻头：钻头通过钻夹头或钻套夹持在钻床上。

3）装夹工件：必须用钳子或平口钳夹持；在圆柱形工件上钻孔，要用 V 形铁和压板夹紧。

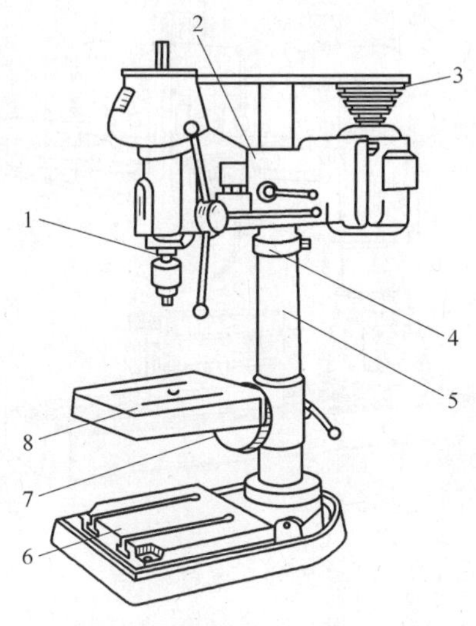

图 2-20　台式钻床

1—主轴　2—头架　3—塔形带轮　4—保险环
5—立柱　6—底座　7—转盘　8—工作台

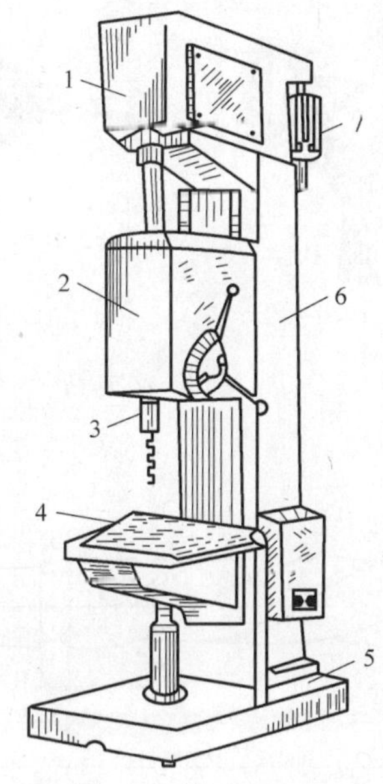

图 2-21　立式钻床

1—主轴箱　2—进给箱　3—主轴
4—工作台　5—底座　6—立柱　7—电动机

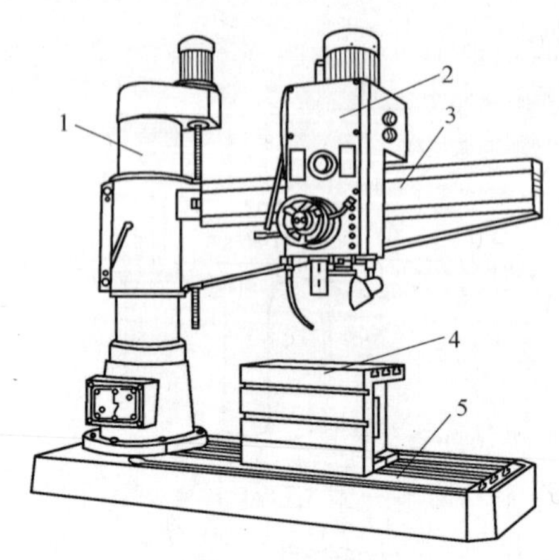

图 2-22 摇臂钻床

1—立柱 2—主轴箱 3—摇臂

4—工作台 5—底座

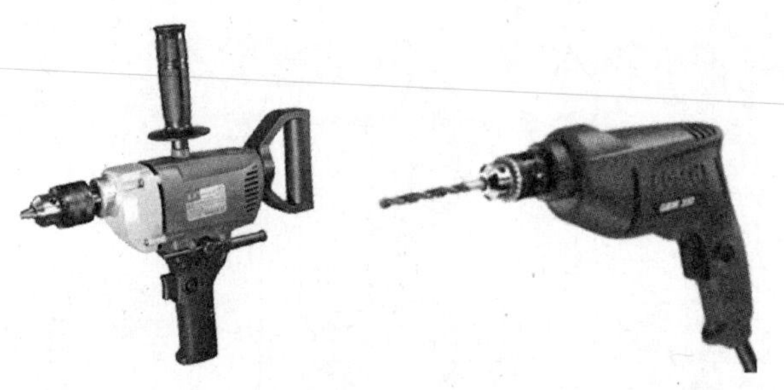

图 2-23 手电钻

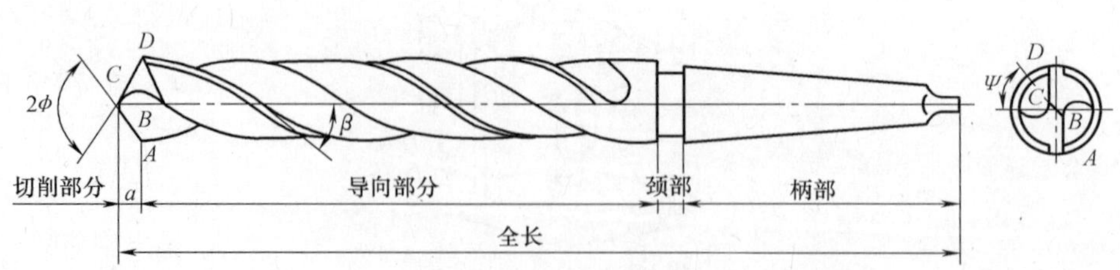

图 2-24 麻花钻

4）钻削用量的选择：钻削时钻床主轴的转速、进给量和钻削深度统称为钻削用量。钻削用量的选择应根据工件材料、孔的精度、孔壁表面粗糙度值和钻头直径等要求来确定。转速高、进给量小的适合钻小孔；转速低、进给量大的适合钻大孔；当工件材料较硬

时，进给量和转速都相应降低；当工件材料较软时，进给量和转速相应升高。

5）试钻：钻孔时，先用钻尖对准圆心处的样冲眼钻出一个小浅坑，然后观察浅坑的圆周与加工线的同心程度，若无偏移则可继续加工，若发生偏移则应通过移动工作台的方式来调整，直至找正为止。

6）手动钻削：当试钻完成后，即可进行手动钻削。注意钻削时进给量要适当。当钻孔深度达到直径的3倍时，钻头要退出排屑；当钻孔将要达到目标深度或钻穿时，应该减少进给量。钻孔过程需要检查时，应先停车，避免出现事故。

7）加注切削液：钻削时，为了使钻头能及时散热，钻孔时需要加注切削液，以提高钻头的使用寿命，改善工件的表面质量。

（4）钻孔加工注意事项

1）钻孔前，根据孔的大小选择正确的麻花钻。

2）钻孔操作时，必须戴防护眼镜，严禁戴手套，女生应规范佩戴工作帽。

3）当切屑排出时，禁止用嘴吹、用手指拉扯切屑。

4）钻孔时，当钻床主轴卡死或夹头打滑时，应先停车，然后手动反向转动主轴使钻头退出。

5）钻孔结束时，工件会余留较高温度，切勿匆忙抓取工件。

4. 錾削

錾削又称凿削，是用锤子打击錾子对金属工件进行切削加工的方法。它主要去除毛坯上的凸缘、毛刺、分割材料、錾削平面及油槽等，经常用于不便于机械加工的场合。

（1）錾削工具　錾削工具主要是錾子和锤子。

1）錾子。錾子是錾削操作中所需的刀具，是最简单的切削刀具，它由碳素工具钢锻制成形。根据錾子的形状可分为扁錾、尖錾和油槽錾，如图2-25所示。

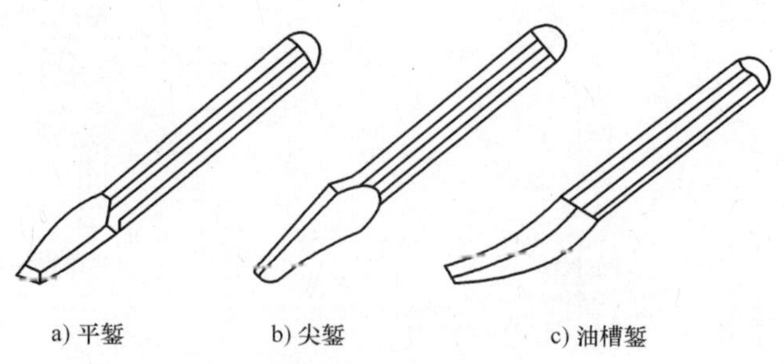

图2-25　錾子

2）锤子。

锤子是錾削加工必需的工具，錾削是利用锤子的锤击力使錾子对金属工件进行錾切加工。锤子由锤头、锤柄组成，如图2-26所示。

（2）錾削基本操作

1）錾子的握法。

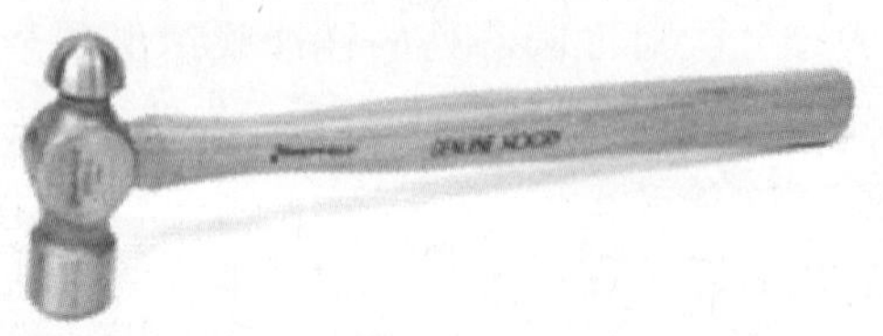

图 2-26　锤子

錾子主要用左手的中指、无名指和小指握持，大拇指与食指自然合拢，让錾子的头部伸出约 20mm。錾削时，小臂要自然平放，使之处于水平位置，并使錾子保持正确的后角。錾子的握法有正握法、反握法和立握法三种，如图 2-27 所示。

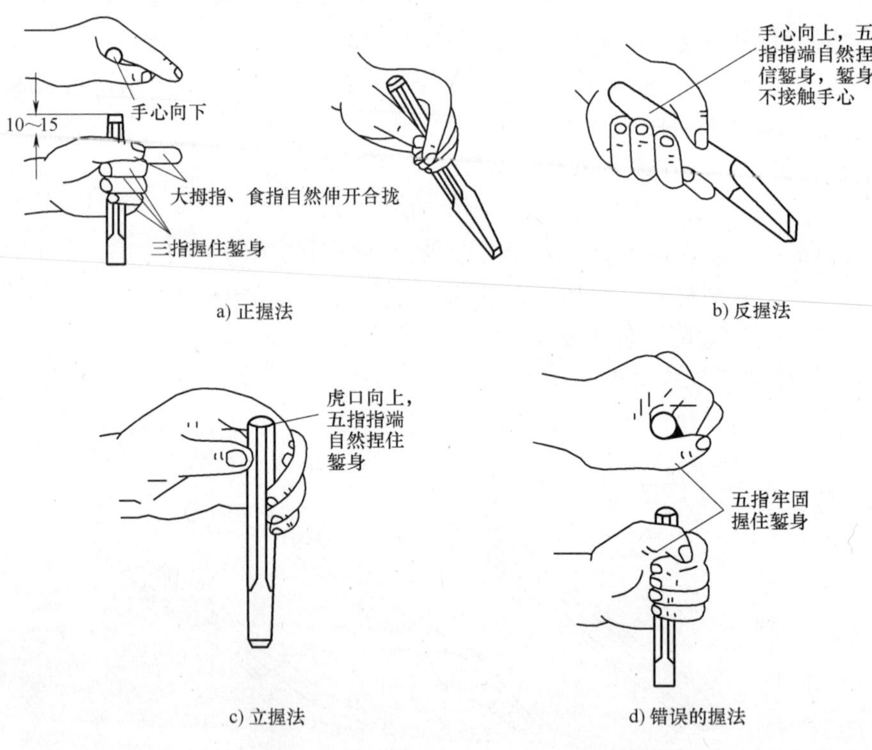

图 2-27　錾子的握法

2）锤子的握法。

锤子的握法分为紧握法和松握法，如图 2-28 所示。

3）挥锤的方法。

挥锤的方法分腕挥、肘挥和臂挥三种，如图 2-29 所示。

4）錾削站立位置与姿势。

錾削操作与锯削姿势基本一致，如图 2-30 所示。

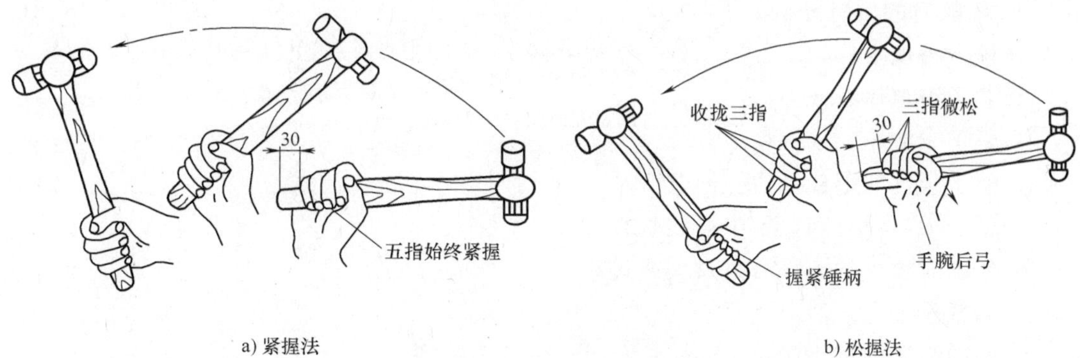

a) 紧握法　　b) 松握法

图 2-28　锤子的握法

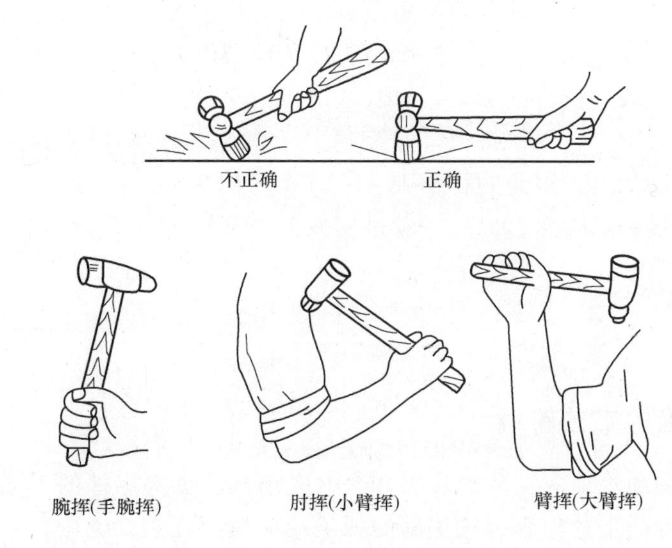

图 2-29　挥锤的方法

图 2-30　錾削操作姿势

（3）錾削质量分析及注意事项

1）錾削时的质量分析如下：

① 锤击力度不均匀，錾削基本手法不熟练。

② 錾子刃口爆裂或刃口不够锋利。

③ 錾子未放正、未握稳。

④ 錾子顶部变形使受力方向改变。

⑤ 錾子刃口没有和錾子中心线垂直。

⑥ 錾削时錾子的工作后角过大或过小。

⑦ 起錾量过大。

⑧ 錾削与工件尽头相距 10mm 左右时，未调头錾削。

2）錾削加工注意事项如下：

① 不使用锤柄开裂和松动的锤子。

② 錾子和锤子不允许沾油，以免滑脱。

③ 錾削时不准戴手套，要戴好防护眼镜。

④ 錾子顶部有明显毛刺时，要及时磨掉，以免碎裂伤人。

⑤ 不允许正对着人进行錾削加工，以防錾屑飞出伤人。

⑥ 錾子在使用过程上，要保持刃口的锋利。

⑦ 规范放置錾削工具，以免砸脚伤人。

⑧ 錾削疲劳时要适当休息，以免手臂过度疲劳击偏伤人。

任务实施

一、制订正确的工艺路线

请你根据零件的加工要求，分别从表 2-3 中选择自己负责零件的工艺简图，从表 2-4 中选择自己负责零件的工艺内容，按正确的加工顺序填写在表 2-5 中，并从附录 A～C 中选择合适的工、量、刀具完善表 2-5 中的其他内容。

表 2-3 鲁班锁零件的加工简图

序号	工艺简图	序号	工艺简图
1	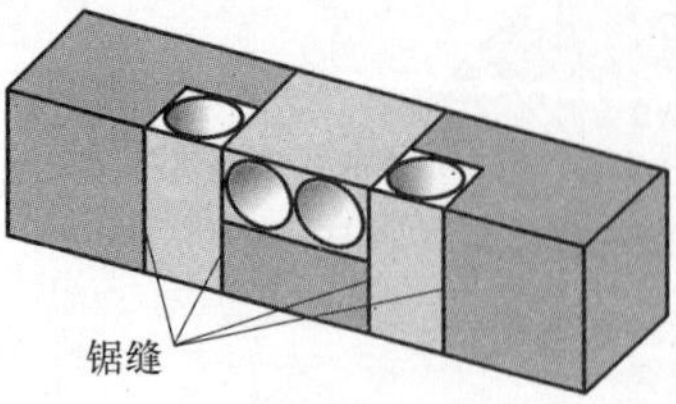 锯缝	2	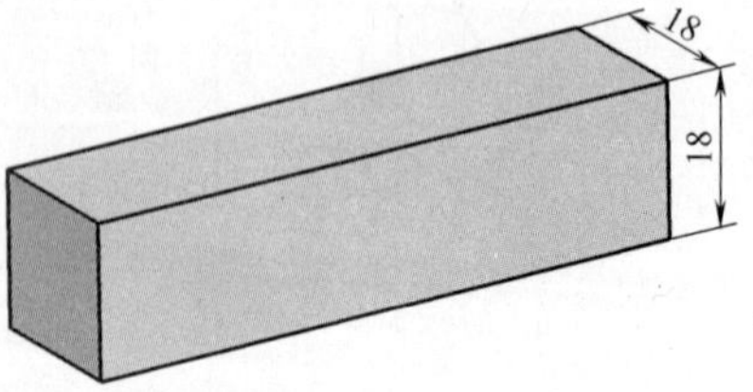 18 18

（续）

序号	工 艺 简 图	序号	工 艺 简 图
3	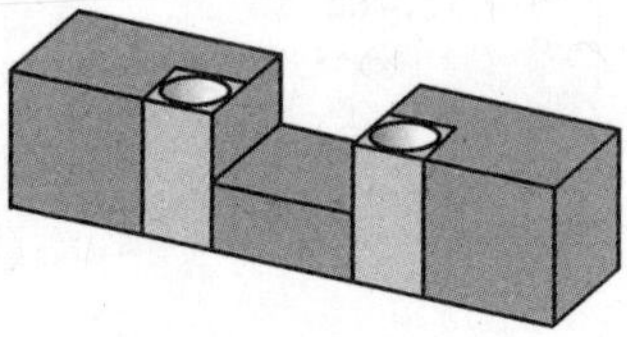	8	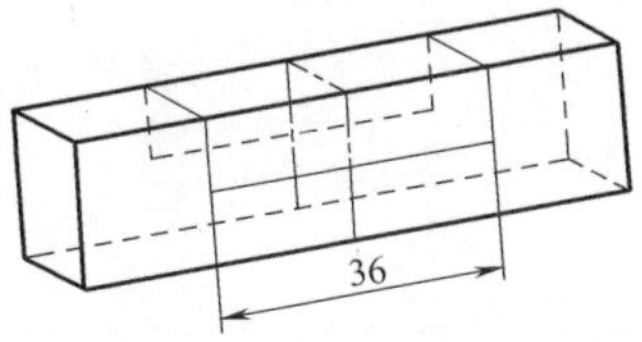 36
4	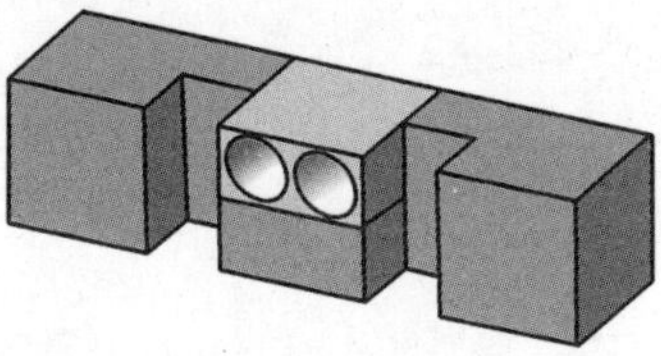	9	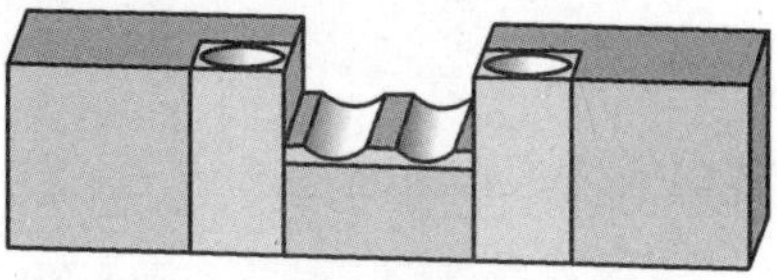
5	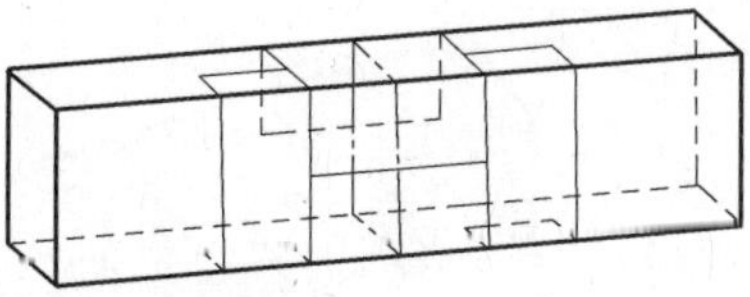	10	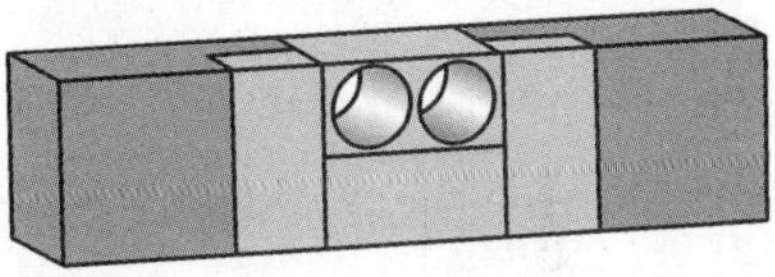
6	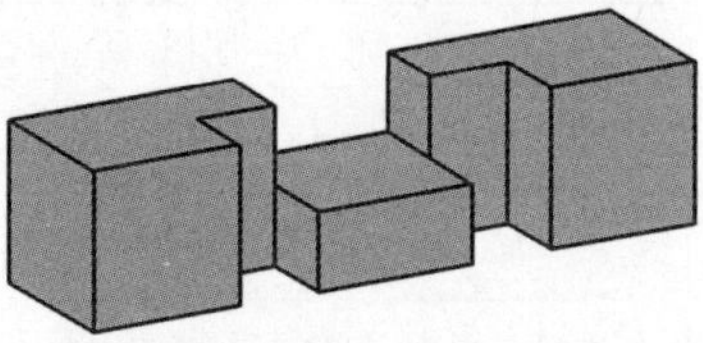	11	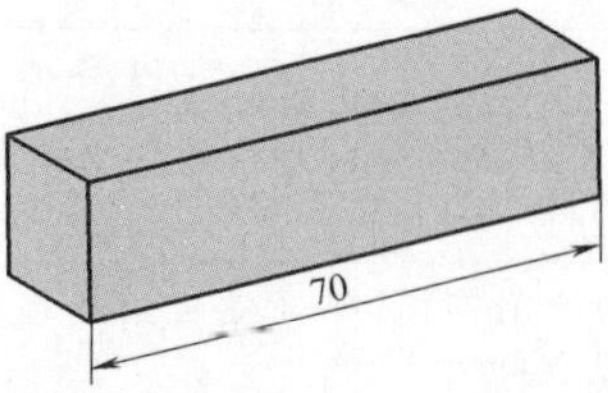 70
7	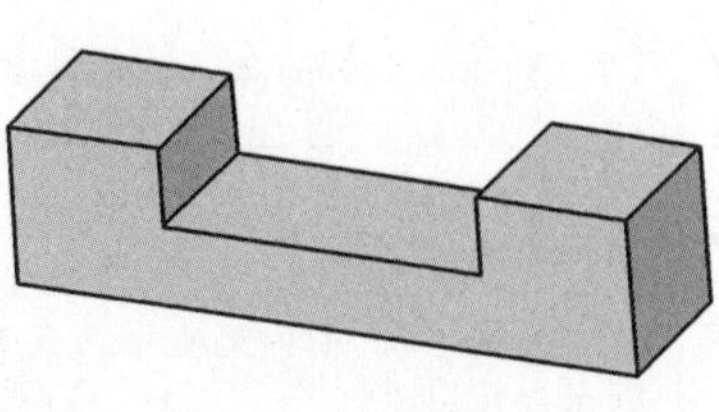	12	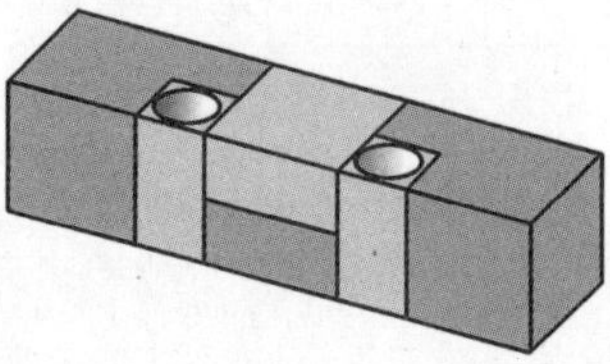

（续）

序号	工艺简图	序号	工艺简图
13	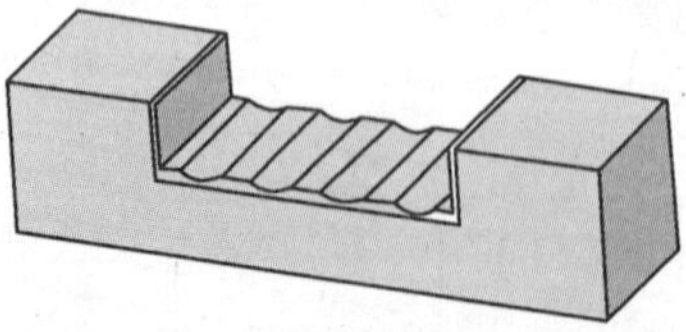	17	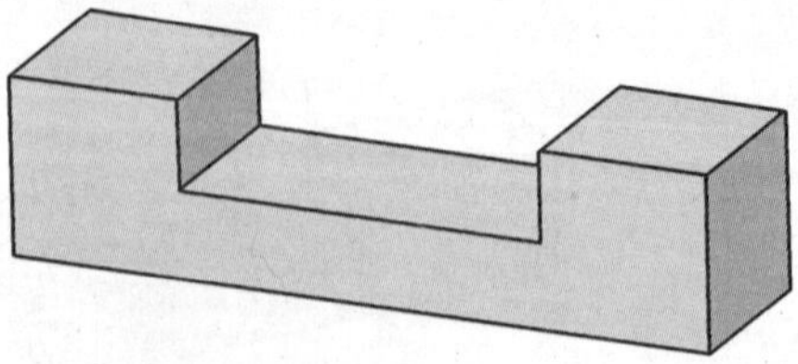
14	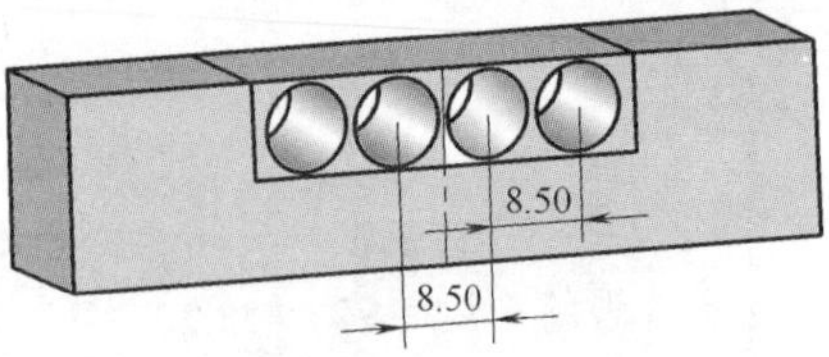 8.50 8.50	18	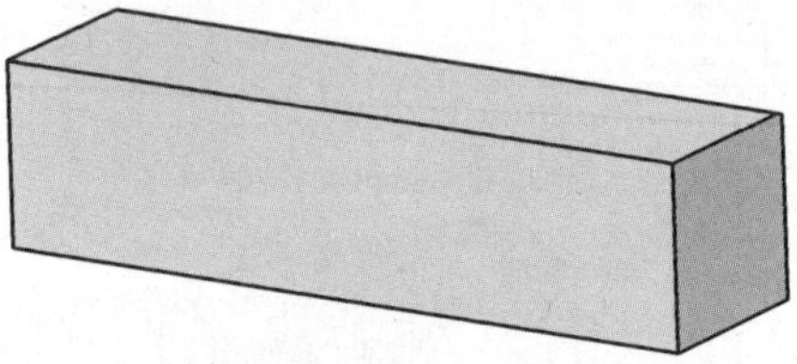
15	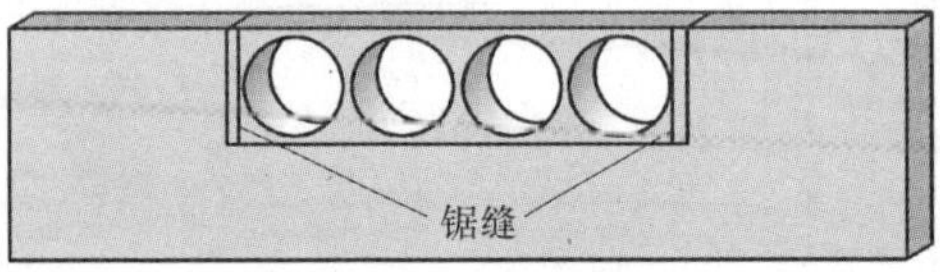 锯缝	19	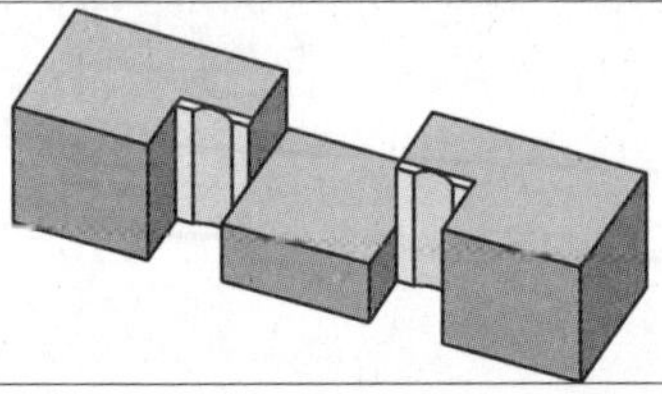
16	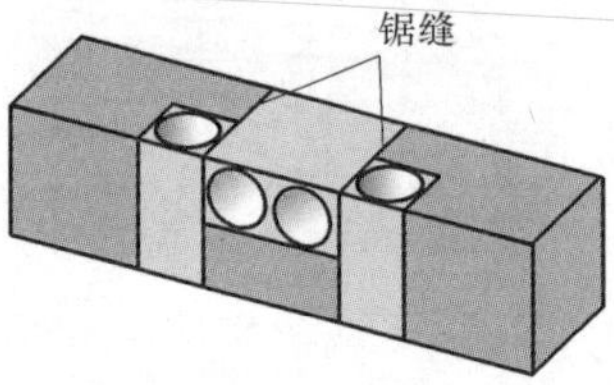 锯缝	20	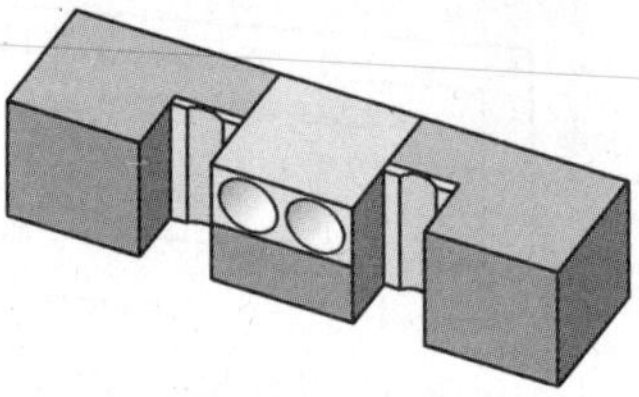

表 2-4　鲁班锁零件的加工工艺

序号	工步内容	序号	工步内容
1	沿 9mm×9mm 槽内侧锯削两条锯缝，锯缝与 ϕ8mm 通孔相切	9	錾削加工，去除 18mm×9mm 槽内多余材料
2	锉削四面，保证各面相互垂直且对边距离为 18mm	10	在 *A* 面 18mm×9mm 槽内钻 2 个 ϕ8mm 通孔
		11	锉削两端面，保证两面平行且距离为 70mm
3	锉削加工 18mm×9mm 槽，保证尺寸精度与位置精度，并加工两内直角处工艺沟槽	12	在 *B* 面 9mm×9mm 槽内各钻 1 个 ϕ8mm 通孔
4	锉削加工 9mm×9mm 槽，保证尺寸精度与位置精度，并加工两内直角处工艺沟槽	13	錾削加工，去除 36mm×9mm 槽内多余材料
		14	在 *A* 面 36mm×9mm 槽内钻 4 个 ϕ8mm 通孔
5	按图 2-2 在零件上进行立体划线		
6	修整工件，所有锐边去毛刺	15	沿 36mm×9mm 槽内侧锯削两条锯缝，锯缝与 ϕ8mm 通孔相切
7	锉削加工 36mm×9mm 槽，保证尺寸精度与位置精度，并加工两内直角处工艺沟槽	16	沿 18mm×9mm 槽内侧锯削两条锯缝，锯缝与 ϕ8mm 通孔相切
8	按图 2-3 在零件上进行立体划线	17	錾削加工，去除 9mm×9mm 槽内多余材料

表 2-5　鲁班锁零件的加工工艺

工艺序号	工艺简图号码	工步内容号码	使用工具	使用量具	加工刀具	备注

二、加工注意事项

加工鲁班锁的过程中，需要注意的事项见表 2-6。

表 2-6　鲁班锁加工注意事项

类别	序号	注意事项内容	备　注
常规项	1	检查毛坯材料尺寸是否满足图样加工要求	20mm×20mm×72mm
	2	使用电动工具时，要有绝缘防护和安全措施	
	3	钻孔时，必须按规范着装，戴防护眼镜，禁止戴手套	
	4	开动钻床前，应检查是否有钻夹头钥匙或斜铁插在钻轴上	
	5	严禁在钻床运转状态下装拆工件、检验工件和变换主轴转速，必须在钻床停止状况下进行	
加工项	1	锉削四面时，应先加工互相垂直的两个面作为基准面，并做好标记以便查看，然后依次锉削第 3、第 4 面	4 基准边2　3 基准边1
	2	用大锉刀进行锉削粗加工，留 0.2~0.3mm 余量，再用小锉刀进行精加工，注意尺寸余量和公差的控制	
	3	加工外形时，垂直度、平行度误差应控制在最小范围内，外形实际尺寸的测量必须正确，并取各点实测值的平均值	

（续）

类别	序号	注意事项内容	备　注
加工项	4	加工时应先钻排孔再锯削，防止先锯削造成钻排孔时失去支撑力而无法进行钻削	重点
	5	钻排孔时要求孔与孔要相切，否则取余料进行錾削时阻力较大，难以取下	
	6	正确使用锤子进行錾削加工，小心打滑砸伤手	安全
	7	修锉凹形体清角时，锉刀一定要修磨好，用力要掌握好，防止修成圆角或锉坏相邻面	
	8	修配时各方面都要兼顾到，做到经常测量，判断影响配合质量的真正原因，找准问题部位，谨慎修整，使零件逐渐达到图样的装配要求	重点
	9	装配时应根据装配图各零件的装配顺序进行组合安装，以免零件之间无法组合	
检测项	1	平板一般作为划线用，不宜承受冲击、重压，使用时应避免因局部使用频繁而磨损过多	
	2	正确使用刀口形直尺测量平面度及正确使用直角尺测量垂直度	
	3	使用游标卡尺时，要掌握好量爪面与被测工件表面接触时的压力，既不能太大，也不能太小，刚好使测量面与工件接触，同时量爪还能沿着工件表面自由滑动	
	4	不准以游标卡尺代替卡钳在工件上来回拖拉，使用游标卡尺时不可用力与工件撞击，以防损坏游标卡尺	
	5	使用游标卡尺测量两平行面之间的尺寸时，至少要测量3处	测量处1　测量处2　测量处3

三、装配注意事项

鲁班锁的装配流程如图2-31所示，装配时要注意以下几点：

1）了解总装图，熟悉装配工艺规程。

2）检查所有工件是否齐全。

3）仔细检测各工件的尺寸精度，使相互配合的工件精度要匹配，以确保工件的装配和拆卸比较方便。

4）对应图样分别给所有工件进行编号，如图2-31d所示。

5）参照鲁班锁的装配流程图，按装配工艺进行装配。

6）装配完成后，对照图2-5所示图样要求检测各配合尺寸。

7）如配合后尺寸达不到装配要求，应对相应的工件进行修整。

8）整理工作场地。

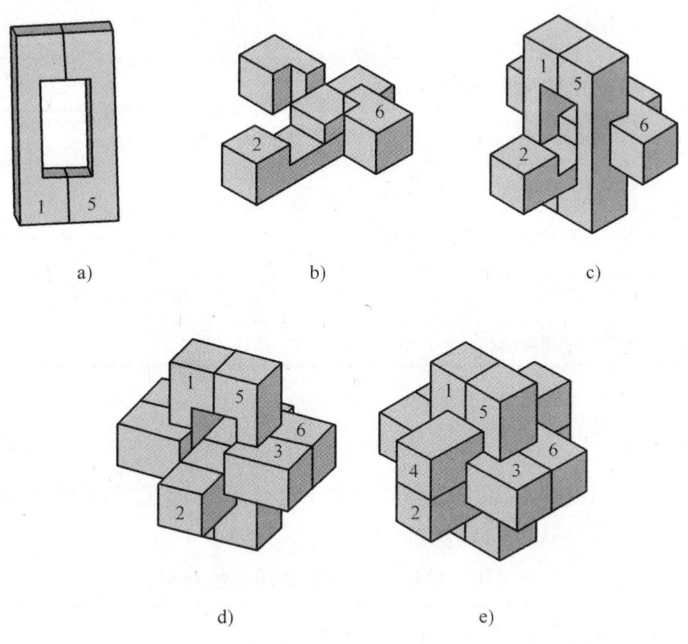

图 2-31　鲁班锁装配流程图

学习评价

一、学习过程评价

请根据本次任务学习过程中的实际情况，在表 2-7 中对自己及学习小组进行评价。

表 2-7　学习过程评价表

学习小组:________　　姓名:________　　评价日期:________

评价人	评　价　内　容	评　价　等　级	情况说明
自我评价	能否按 5S 要求规范着装	能 □　不确定 □　不能 □	
	能否针对学习内容主动与其他同学进行沟通	能 □　不确定 □　不能 □	
	能否叙述自己所负责的鲁班锁零件的加工工艺过程	能 □　不确定 □　不能 □	
	能否规范使用工、量、刀具及钻孔设备加工零件	能 □　不确定 □　不能 □	
	你所负责加工的鲁班锁零件的完成情况如何	按图样要求完成 □ 基本完成 □　没有完成 □	
	能否独立且正确检测零件尺寸	能 □　不确定 □　不能 □	

（续）

评价人	评价内容	评价等级	情况说明
小组评价	小组所使用的工、量、刀具能否按5S要求摆放	能□ 不确定□ 不能□	
	小组组员之间团结协作、沟通情况如何	好□ 一般□ 差□	
	小组所有成员制作的零件能否正常装配完成鲁班锁	能□ 不能□	
教师评价	学生个人在小组中的学习情况	积极□ 懒散□ 技术强□ 技术一般□	
	学习小组在学习活动中的表现情况	好□ 一般□ 差□	

二、专业技能评价

请参照零件图，使用游标卡尺等量具分别对自己负责加工的零件与小组其他零件进行检测，并把检测结果填写在表2-8~表2-11中。

表2-8 前檐、后檐零件质量检测表

序号	检测项目	配分	评分标准	自检结果	得分	互检结果	得分
1	长(70±0.10)mm	10	符合要求得分				
2	宽$18^{+0.1}_{0}$mm	10	符合要求得分				
3	高$18^{0}_{-0.1}$mm	10	符合要求得分				
4	槽长$18^{0}_{-0.1}$mm	8	符合要求得分				
5	左槽长$9^{+0.1}_{0}$mm	8	符合要求得分				
6	右槽长$9^{+0.1}_{0}$mm	8	符合要求得分				
7	槽宽$9^{+0.1}_{0}$mm	8	符合要求得分				
8	槽深$9^{+0.1}_{0}$mm	8	符合要求得分				
9	平面度(4面)	20	符合要求得分				
10	表面粗糙度值	10	每处$Ra3.2\mu m$降一级扣1分				
合计		100					

表2-9 左柱、右柱、地衡零件质量检测表

序号	检测项目	配分	评分标准	自检结果	得分	互检结果	得分
1	长(70±0.10)mm	10	符合要求得分				
2	宽$18^{0}_{-0.1}$mm	15	符合要求得分				
3	高$18^{0}_{-0.1}$mm	15	符合要求得分				
4	槽长$36^{+0.1}_{0}$mm	10	符合要求得分				

（续）

序号	检测项目	配分	评分标准	自检结果	得分	互检结果	得分
5	槽深 $9^{+0.1}_{0}$mm	10	符合要求得分				
6	平面度（4 面）	30	符合要求得分				
7	表面粗糙度值	10	每处 Ra3.2μm 降一级扣 1 分				
合计		100					

表 2-10　天梁零件质量检测表

序号	检测项目	配分	评分标准	自检结果	得分	互检结果	得分
1	长（70±0.10）mm	20	符合要求得分				
2	宽 $18^{0}_{-0.1}$mm	20	符合要求得分				
3	高 $18^{0}_{-0.1}$mm	20	符合要求得分				
4	平面度（4 面）	30	符合要求得分				
5	表面粗糙度值	10	每处 Ra3.2μm 降一级扣 2 分				
合计		100					

表 2-11　鲁班锁装配质量检测表

序号	检测项目		配分	评分标准	自检结果	得分	互检结果	得分
1	主视图	70mm	10	符合要求得分				
2		36mm	10	符合要求得分				
3		17mm	10	符合要求得分				
4	俯视图	70mm	10	符合要求得分				
5		36mm	10	符合要求得分				
6		17mm	10	符合要求得分				
7	左视图	70mm	10	符合要求得分				
8		36mm	10	符合要求得分				
9		17mm	10	符合要求得分				
10	装配效果		10	配合松动不得分				
合计			100					

课后作业

请你结合本次任务的学习情况，在课后制作一份 A3 幅面的手抄表。要求如下：

1）归纳本次任务所学会的知识和技能。

2）加工鲁班锁零件的过程中，自己或者学习小组出现的问题及解决方法。

3）学习心得与反思。

4）版面清晰，字迹工整，图文并茂，体现创新思想。

学习任务 3

八角宫的制作

图 3-1　八角宫

学习内容

本次任务主要学习以下知识：

1. 圆弧面的锉削方法。
2. 半径样板的使用。
3. 角度样板的使用。
4. 选择八角宫（图 3-1）的加工工艺。
5. 制作八角宫零件。
6. 八角宫零件的质量检测。

学习目标

完成本学习任务后，应具备以下能力：

1. 根据零件图要求，利用工、量、刀具进行八角宫的划线操作。
2. 学会圆弧面的锉削技巧。

3. 利用半径样板对圆弧面进行检测。
4. 利用角度样板检测角度。
5. 正确选择八角宫零件的加工工艺。
6. 独立完成八角宫零件的加工，最终小组配合完成八角宫的装配。
7. 利用量具对八角宫零件进行质量检测。

任务描述

八角宫，建于清雍正十年（1734 年），位于潮州市饶平县东北马岗溪旁，因其宫顶为八角形状而得名。图 3-1 所示八角宫为宫顶模型，是拼图类益智玩具。

现有企业订单，要求利用金属材料加工八角宫的益智玩具，数量若干。零件图及装配图如图 3-2、图 3-3 所示。

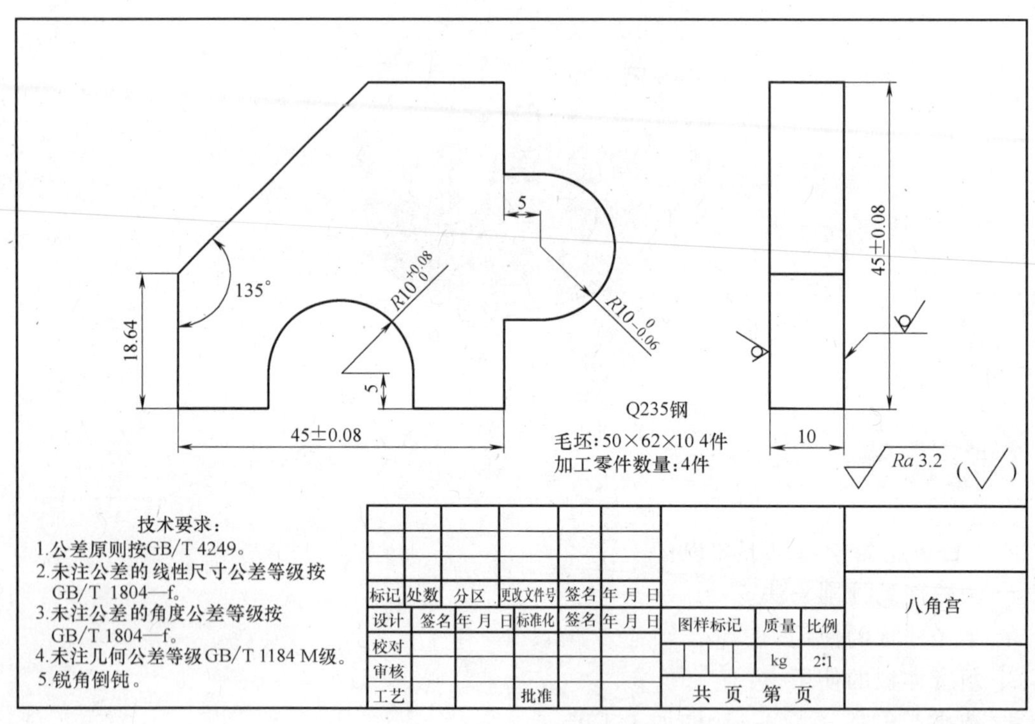

图 3-2　八角宫零件图

任务分析

一、制订工作计划

利用钳工技能完成八角宫的制作，分别需要完成选料，选取工、量、刀具，零件加

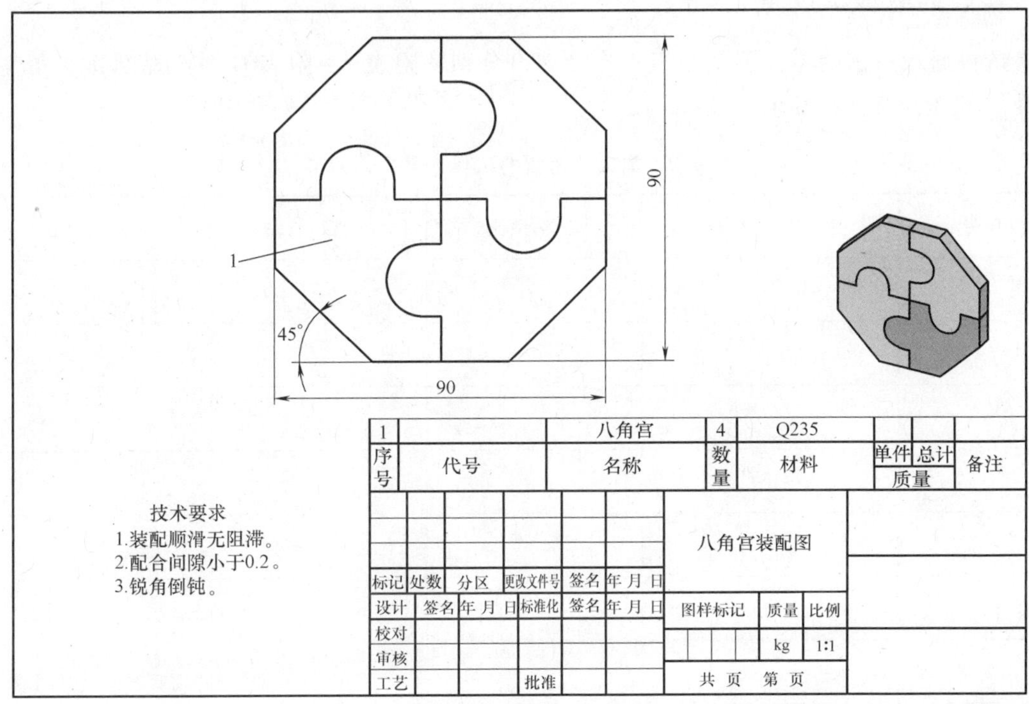

图 3-3　八角宫装配图

工，质量检测，5S 现场管理等任务内容，请根据本小组的实际情况，与组员协商分工，填写表 3-1 的相关内容。

表 3-1　小组分工合作计划

组　名		小组成员			
序　号	任　务　内　容		计划用时	完成时间	负 责 人

二、选取加工设备

请根据八角宫的零件图及小组工作计划，分别从附表 A~附表 C 中选择制作八角宫的工具、量具、刀具，并填写在表 3-2 中。

表 3-2 加工八角宫的工具、量具、刀具

序号	名 称	规格型号	数量	备 注

三、知识准备

1. 圆弧面锉削

（1）外圆弧面的锉削　锉削外圆弧面时，不仅有平面锉削时锉刀的向前运动，还要有锉刀沿工件弧面的转动，因此锉削外圆弧面时，锉刀要完成两种运动。根据加工时锉刀的运动方式可分为横锉法和滚锉法两种。

1）横锉法。

横锉法又称为横向外圆弧锉法。如图 3-4 所示，锉削时，锉刀的向前运动与圆弧轴线

平行，锉刀沿工件圆弧绕圆弧轴线转动。这种方法容易发挥锉刀力量，锉削效率高，便于按划线要求均匀地向弧线靠拢锉削，但只能锉成近似圆弧面的多棱形面，故适用于余量大的圆弧面的粗加工。

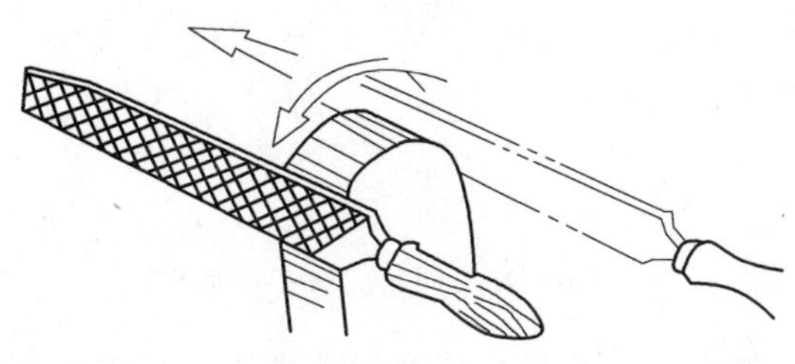

图 3-4　横锉法

2）滚锉法。

滚锉法又称为顺向外圆弧锉法。如图 3-5 所示，锉削时，锉刀的前进方向与圆弧轴线方向垂直，并绕工件圆弧中心转动。顺着圆弧面锉削时，锉刀向前，右手紧握锉刀柄部向下压，左手使锉刀前端上抬，在上抬和下压的过程中，要施加压力并推进锉刀，如此反复。锉刀上抬和下压的摆幅要大，才易于锉圆，并随时用外圆弧样板检验修正圆弧，直到圆弧面基本成形。这种锉削方法能使圆弧面光滑，但不易发挥锉削力量，锉削位置不易掌握，锉削效率低，故适用于余量小的圆弧或精加工。

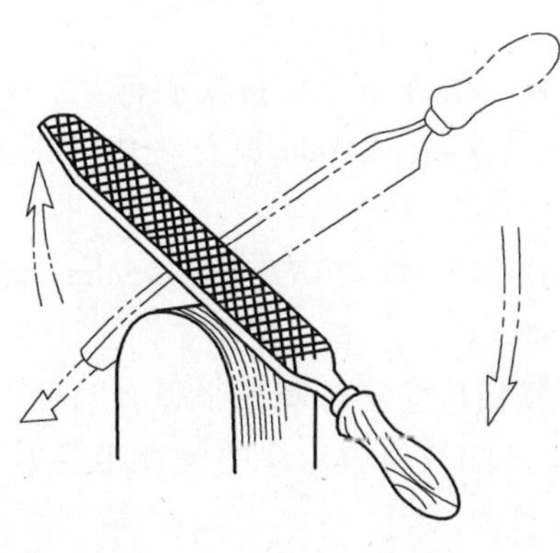

图 3-5　滚锉法

（2）内圆弧面的锉削　锉削内圆弧时，锉刀要同时完成三个运动，即沿轴线向前运动、向左或向右移动半个到一个锉刀的宽度、绕锉刀轴线转动约 90°，如图 3-6 所示。锉削内圆弧的锉刀可选用圆锉或半圆锉。锉内圆弧时，只有同时完成三个运动，并随时用圆弧样板检验修正圆弧，才能保证锉出的内圆光滑、准确。

2. 半径样板

（1）定义及用途　半径样板，也称为半径规或 R 规，是利用光隙法测量圆弧半径的

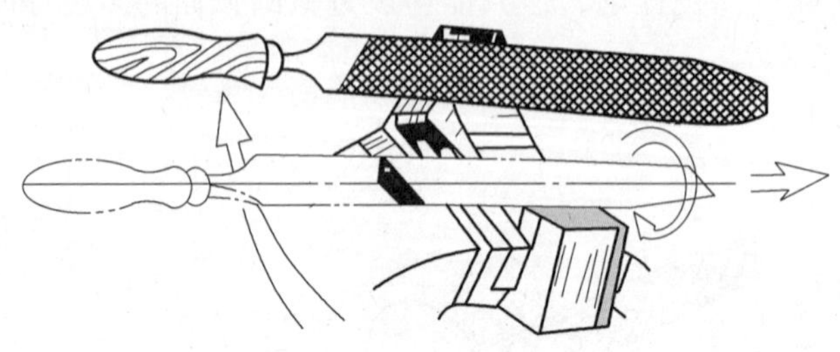
图 3-6　锉刀同时完成三个动作

量具，如图 3-7 所示。一般同一个半径样板两端分别为凸形样板和凹形样板，其中凸形样板用于检测内表面圆弧，如图 3-7 左端，凹形样板用于检测外表面圆弧，如图 3-7 右端。

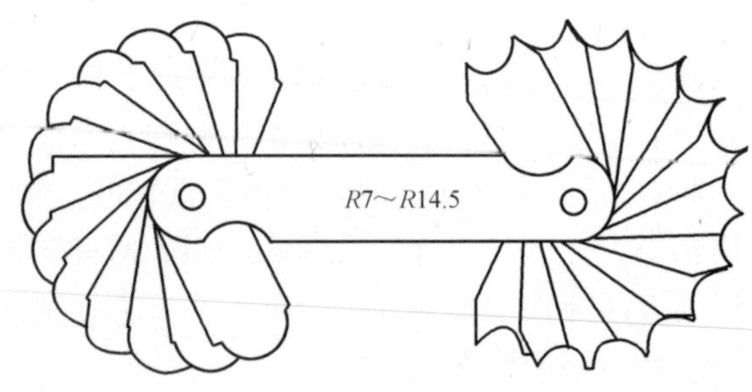

图 3-7　半径样板

（2）规格　半径样板的规格一般在半径样板侧面标注，如图 3-7 所示 R7～R14.5mm，表示该半径样板的量程为可测量 R7～R14.5mm 之间的内外圆弧面，其中每隔 0.5mm 有一对凸凹样板。

常用的半径样板量程有 R1～R6.5mm，R7～R14.5mm，R15～R25mm，R26～R80mm，各生产厂家的量程规格有所不同。

（3）使用方法　使用半径样板检验工件圆弧半径有两种方法：

1）工件圆弧半径已知。当已知被检验工件的圆弧半径时，可选用相应尺寸的半径样板去检验，如图 3-8 所示。

2）工件圆弧半径未知。当事先不知道被检工件的圆弧半径时，则要用试测法进行检验。首先目测被检工件的圆弧半径，依次选择不同的半径样板去试测。检测外圆弧时，当光隙位于圆弧的中间部分时，说明工件的圆弧半径 r 大于样板的圆弧半径 R，应换一片半径大一些的样板去检验；若光隙位于圆弧的两边，说明工件的半径 r 小于样板的半径 R，则换一片半径小一点的样板去检验，直到两者吻合，则此样板的半径就是被测工件的圆弧半径，如图 3-9a 所示。如果检测内圆弧则判定情况相反，如图 3-9b 所示。

（4）使用注意事项

① 测量时必须使半径样板的测量面与工件的圆弧完全紧密的接触。

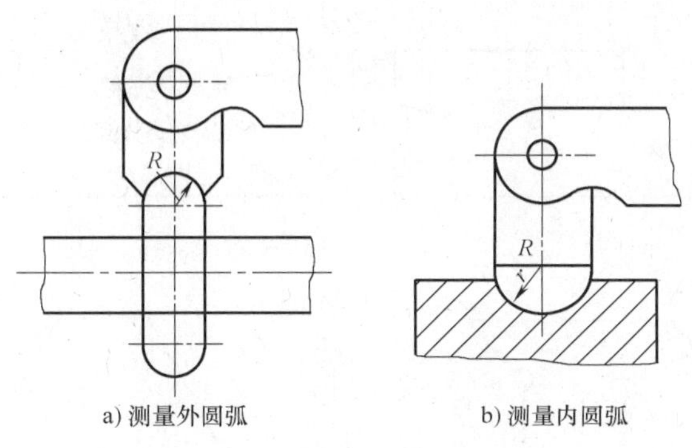

图 3-8 已知 $r=R$ 时测量图

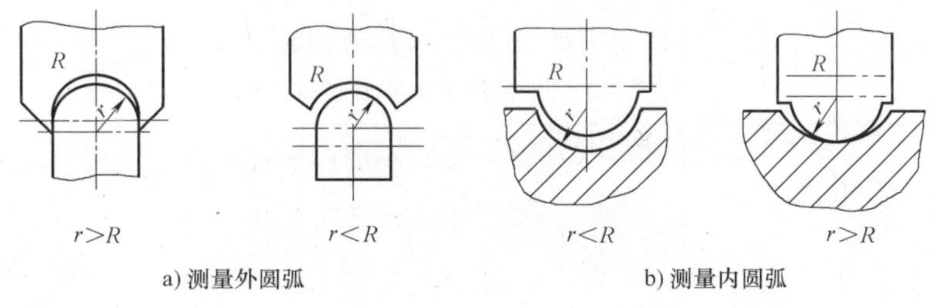

图 3-9 r 未知时测量图

② 半径样板使用后应擦净并涂上防锈油，擦拭时要从铰链端向工作端方向擦，切勿逆擦，以防止样板折断或者弯曲。

③ 半径样板要定期检查，如果样板上标注的半径数值不清，千万不要使用，以防错用。

3. 角度样板

角度样板是检测有一定角度范围要求的两个平面的定制检具。常用的角度样板有15°、30°、45°、60°、90°。一般需要按要求自制或者找厂家定制，如图 3-10 所示。

使用角度样板测量时，要先拿角度样板的一个面轻靠在待检测面上，再轻轻滑动角度样板，使角度样板的第二个面贴上另一个待检测面并使用透光法观察。如果透光均匀或完全不透光，则证明零件的加工角度与角度样板的角度一致。

任务实施

一、制订正确的工艺路线

请你根据零件的加工要求，分别从表 3-3 中选择自己负责零件的工艺简图，从表 3-4 中选择自己负责零件的工艺内容，按正确顺序填写在表 3-5 零件的加工工艺中，并从附录

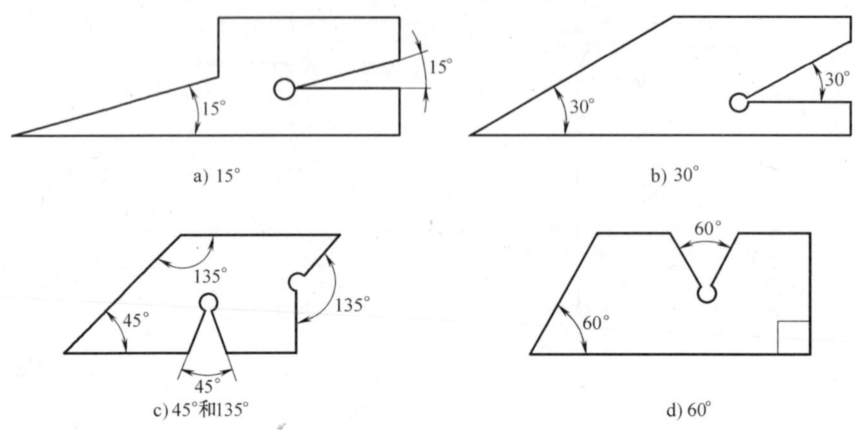

图 3-10　自制角度样板

A～C 中选择合适的工、量、刃具完善表 3-5 中的其他内容。

表 3-3　八角宫零件的加工简图

序 号	工　艺　简　图	序 号	工　艺　简　图
1	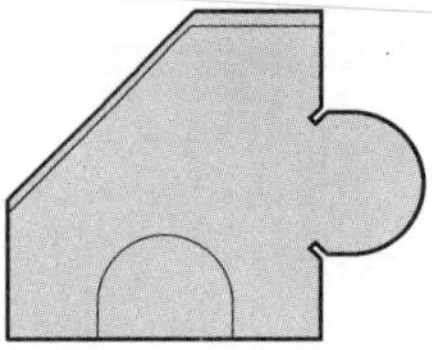	4	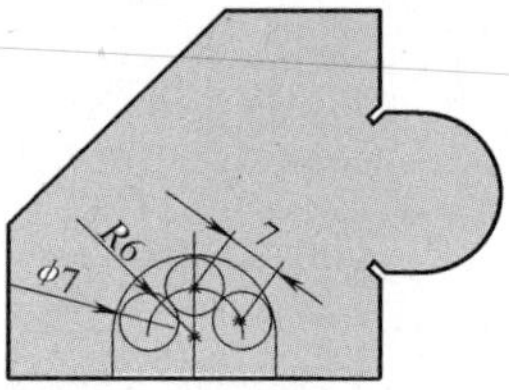
2	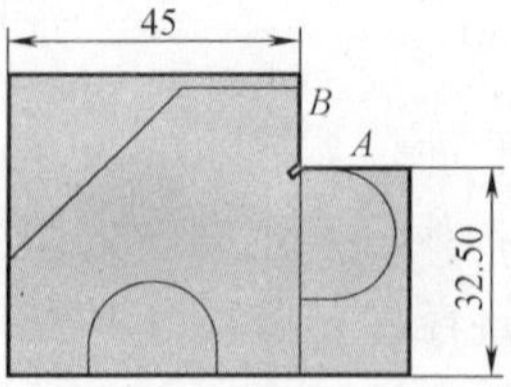	5	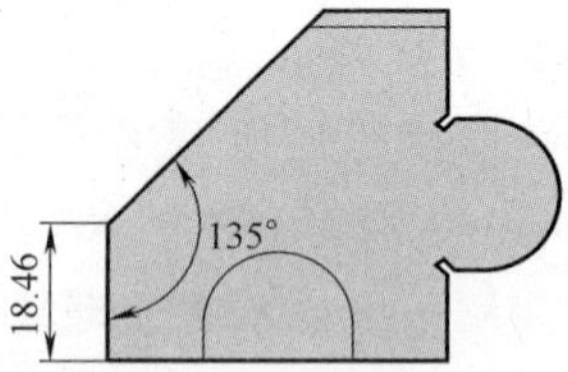
3	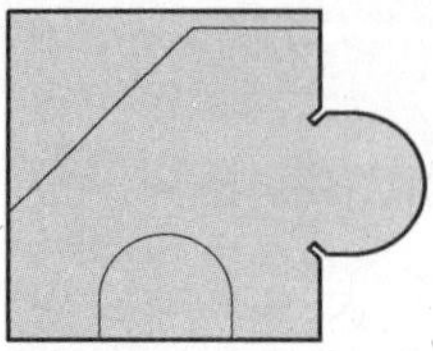	6	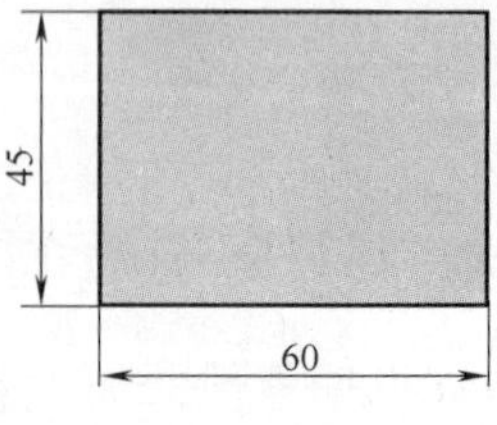

（续）

序 号	工 艺 简 图	序 号	工 艺 简 图
7	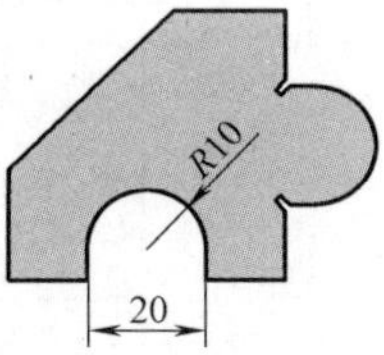 R10 20	12	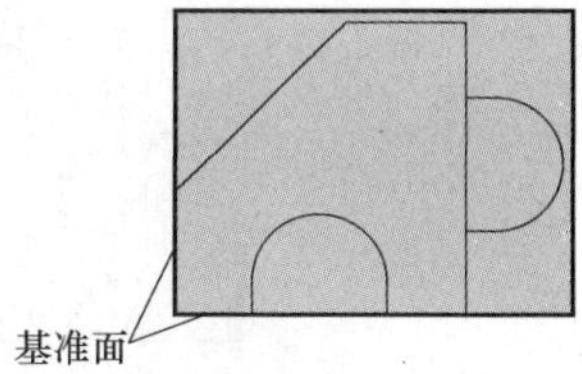 基准面
8	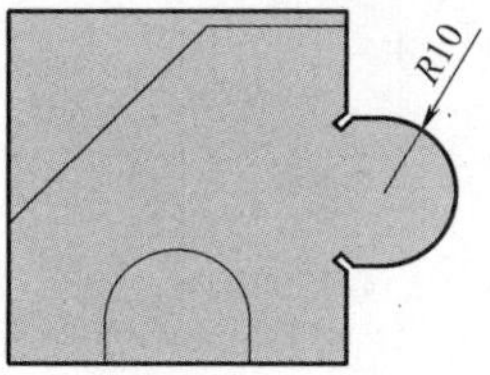 R10	13	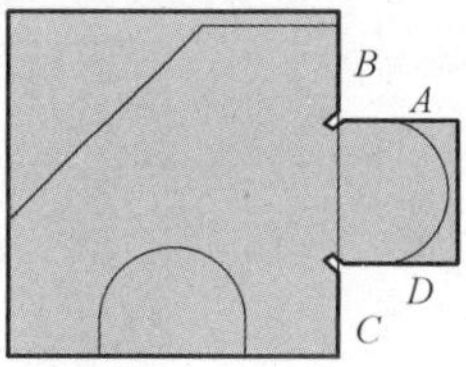 B A D C
9	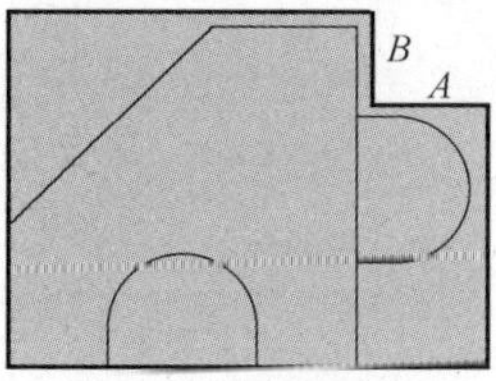 B A	14	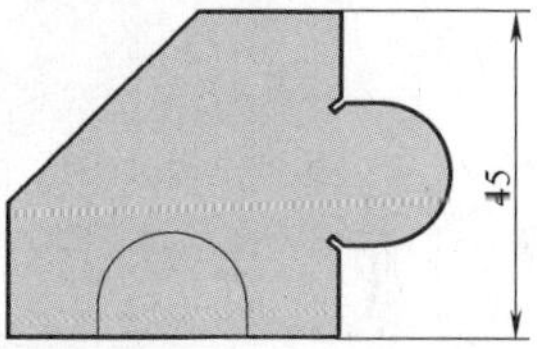 45
10		15	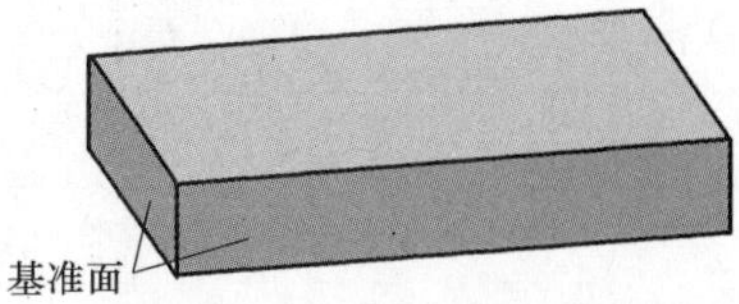 基准面
11	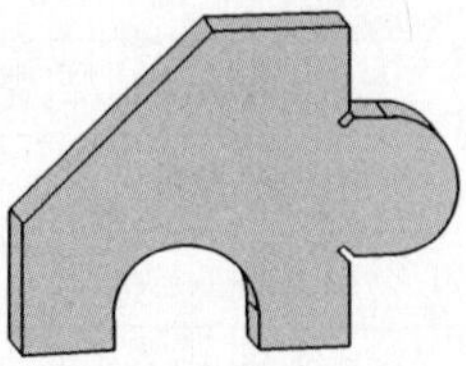	16	

（续）

序号	工艺简图	序号	工艺简图
17	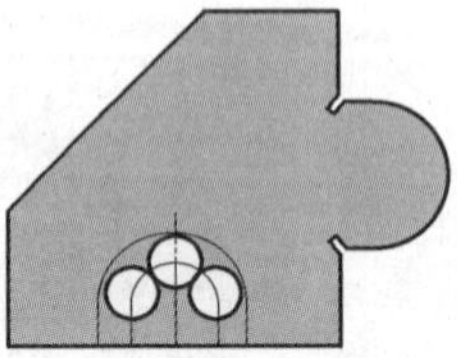	20	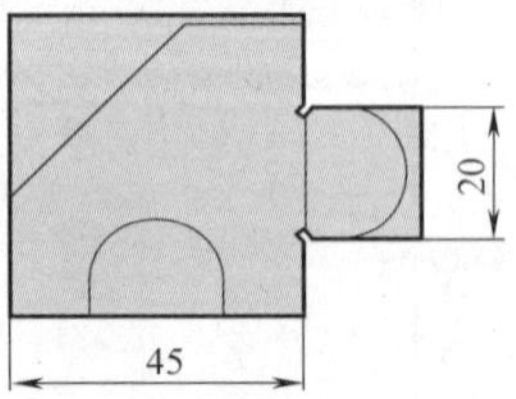 20 45
18	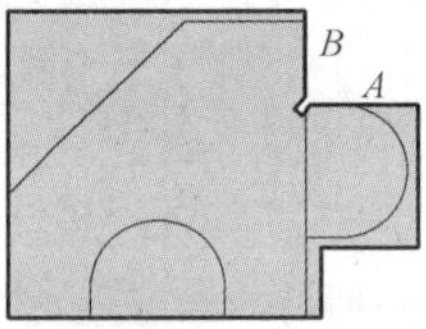 B A	21	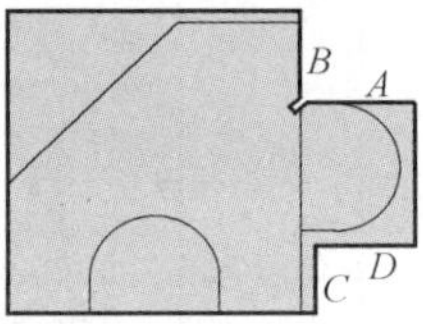 B A C D
19	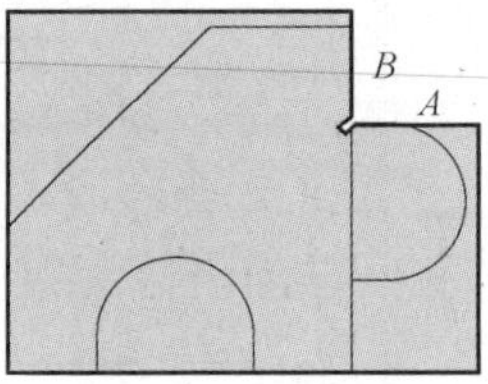 B A	22	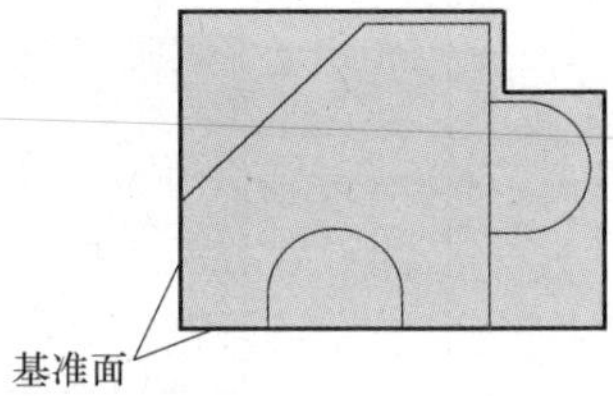 基准面

表 3-4　八角宫零件的加工工艺

序号	工步内容	序号	工步内容
1	锯削 135°斜角余量	12	粗、精加工内圆并保证尺寸 *R*10mm 与 20mm
2	精加工 *A*、*B* 面保证尺寸 32.5mm、45mm	13	精加工 *C*、*D* 面保证尺寸 20mm、45mm
3	整个零件检测一遍	14	根据图样尺寸利用基准面对零件进行划线
4	加工零件高度并保证尺寸 45mm	15	粗锉 *A*、*B* 面
5	钻 ϕ7mm 排孔	16	划线确定内圆弧，钻 3×ϕ7mm 孔的圆心。
6	粗、精锉削圆弧并保证尺寸 *R*10mm	17	锯削去除凸圆另一处余料
7	去除毛刺	18	检测毛坯总体情况，锉削一直角作为基准面
8	检测毛坯外形尺寸需大于 45mm×60mm	19	锯削凸圆余量
9	锯削内圆余料并錾削清除	20	锯削直角工艺槽
10	粗加工 *C*、*D* 面	21	锯削去除非基准面的凸圆余料
11	粗、精锉削斜角并保证尺寸 18.64mm 与 135°	22	锯削直角工艺槽

表3-5　八角宫的加工工艺

工艺序号	工艺简图号码	工步内容号码	使用工具	使用量具	加工刀具	备注

二、加工注意事项

加工八角宫的过程中，需要注意的事项见表 3-6。

表 3-6 八角宫加工注意事项

类别	序号	注意事项内容	备 注
常规项	1	根据加工要求准确选用毛坯材料和尺寸	45mm×62mm×10mm
	2	研究分析图样，了解零件结构，以及制作要求	
	3	在操作过程中要注意工、量、刀具的维护与使用	
	4	划线平台、高度游标卡尺底座及工件要清洁干净，无碎料颗粒	
加工项	1	加工外形基准面要相互垂直，以保证划线的准确性及锉配时有较高的测量基准	
	2	选择划线基准时，应尽量使划线基准与图样上的设计基准一致	
	3	斜面划线可借助 V 形铁	方法
	4	加工凸件时注意对称度误差的控制及测量基准的选择	重点
	5	测量外圆弧时，把与被测圆弧面相同的圆弧样板靠放在被测面上，然后检查它们的接触情况，如果有不均匀间隙的透光现象，说明被测圆弧形面不准确，应继续进行精确修整	
	6	锉削时应注意随时检查尺寸要求	重点
	7	锉配凹处各加工面时，必须根据凸件尺寸来进行配锉，先粗锉后精锉，交替进行，加工过程中不需样板测量	
	8	配合修锉时，一般可通过显点法或涂色法确定加工部位和余量。在做精确修整前，先去毛刺，清洁测量面并将各锐边倒钝，避免上述因素影响测量精度，造成错误判断	
检测项	1	当已知被检验工件的圆弧半径时，可选用相应尺寸的半径样板去检验	
	2	选用相应尺寸的角度样板或角度尺检测工件的 135°角	
	3	尺寸要准确控制，除对工件要细致测量外，应检查量具的准确性	

三、装配注意事项

八角宫的装配流程如图 3-11 所示，装配时要注意以下几点：

1）熟悉装配图、加工工艺及要求。

2）准备装配所需工具与设备。

3）检查并清除工件加工时残留的锐角、毛刺和异物，给所有工件进行编号。

4）根据八角宫的装配流程及要求，对各个工件进行试配，如图 3-11 所示。

5）试配时如不能按要求顺利装配，应对相应工件进行修整，不允许猛打乱敲，防止损坏工件和工具，更不能用量具、锉刀等工具代替锤子而造成工具损坏。

6）装配完成后，对照图 3-3 图样要求检测、修正各配合尺寸。

7）整理工作场地。

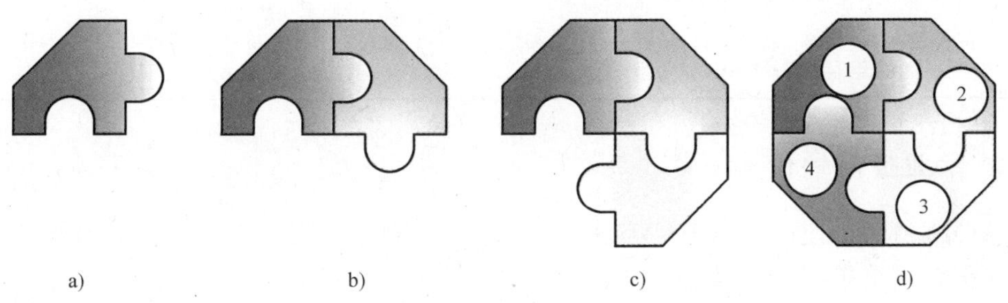

图 3-11 八角宫装配流程图

学习评价

一、学习过程评价

请根据本次任务学习过程中的实际情况，在表 3-7 中对自己及学习小组进行评价。

表 3-7 学习过程评价表

学习小组：________ 姓名：________ 评价日期：________

评价人	评价内容	评价等级	情况说明
自我评价	能否按 5S 要求规范着装	能 □ 不确定 □ 不能 □	
	能否针对学习内容主动与其他同学进行沟通	能 □ 不确定 □ 不能 □	
	能否叙述八角宫零件的加工工艺过程	能 □ 不确定 □ 不能 □	
	能否规范使用工、量、刀具及钻孔设备加工零件	能 □ 不确定 □ 不能 □	
	你所负责加工的八角宫零件的完成情况如何	按图样要求完成 □ 基本完成 □ 没有完成 □	
	能否独立且正确检测零件尺寸	能 □ 不确定 □ 不能 □	

（续）

评价人	评价内容	评价等级	情况说明
小组评价	小组所使用的工、量、刀具能否按 5S 要求摆放	能 □ 不确定 □ 不能 □	
	小组组员之间团结协作、沟通情况如何	好 □ 一般 □ 差 □	
	小组所有成员制作的零件能否正常装配完成八角宫	能 □ 不能 □	
教师评价	学生个人在小组中的学习情况	积极□ 懒散 □ 技术强 □ 技术一般 □	
	学习小组在学习活动中的表现情况	好 □ 一般 □ 差 □	

二、专业技能评价

请参照零件图，使用游标卡尺等量具分别对自己负责加工的零件与小组其他零件进行检测，并把检测结果填写在表 3-8 中。

表 3-8 八角宫零件质量检测表

序号	检测项目	配分	评分标准	自检结果	得分	互检结果	得分
1	长(45±0.08)mm	10	符合要求得分				
2	宽(45±0.08)mm	10	符合要求得分				
3	高 10mm	10	符合要求得分				
4	5mm(两处)	10	符合要求得分				
5	18.64mm	5	符合要求得分				
6	$R10^{+0.08}_{0}$mm	10	符合要求得分				
7	$R10^{0}_{-0.06}$mm	10	符合要求得分				
8	135°	5	符合要求得分				
9	平面度	10	每处不合格扣 2 分				
10	表面粗糙度值	5	每处 $Ra3.2\mu m$ 降一级扣 1 分				
11	配合长 90mm	5	符合要求得分				
12	配合宽 90mm	5	符合要求得分				
13	配合角 45°	5	符合要求得分				
合计		100					

课后作业

请你结合本次任务的学习情况，在课后制作一份 A3 幅面的手抄表。要求如下：

1）归纳本次任务所学会的知识和技能。

2）加工八角宫零件的过程中，总结自己或者学习小组出现的问题及解决方法。

3）总结学习心得与反思。

4）版面清晰，字迹工整，图文并茂，体现创新思想。

学习任务4

铁轮的制作

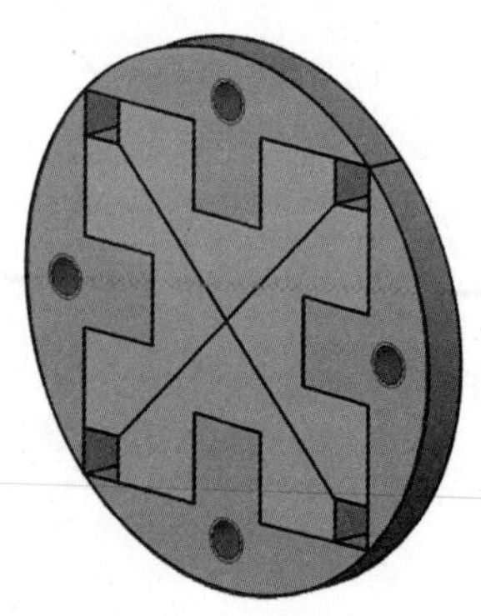

图 4-1　铁轮

学习内容

本次任务主要学习以下知识：

1. 外径千分尺的使用。
2. 手动攻螺纹的方法。
3. 配合加工的检验方法。
4. 选择铁轮（图 4-1）的加工工艺。
5. 铁轮零件的质量检测。

学习目标

完成本学习任务后，应具备以下技能：

1. 根据零件图要求，利用工、量、刀具进行铁轮的划线操作。
2. 在加工过程中利用外径千分尺测量。
3. 正确选择铁轮零件的加工工艺。

4. 手动完成攻螺纹操作。
5. 在加工过程中使用配合检验方法。
6. 独立完成铁轮零件的加工，最终小组配合完成铁轮的装配。
7. 利用量具对铁轮零件进行质量检测。

任务描述

铁轮，即用铸铁制造的圆形车轮。现代制造业几乎所有机器、设备上都应用到圆形的轮。本任务是利用 45 钢板，通过四组凹凸配合零件装配完成一个铁轮形状的益智玩具。

现有企业订单，要求利用金属材料加工铁轮的益智玩具，数量若干。零件图及装置图如图 4-2~图 4-5 所示。

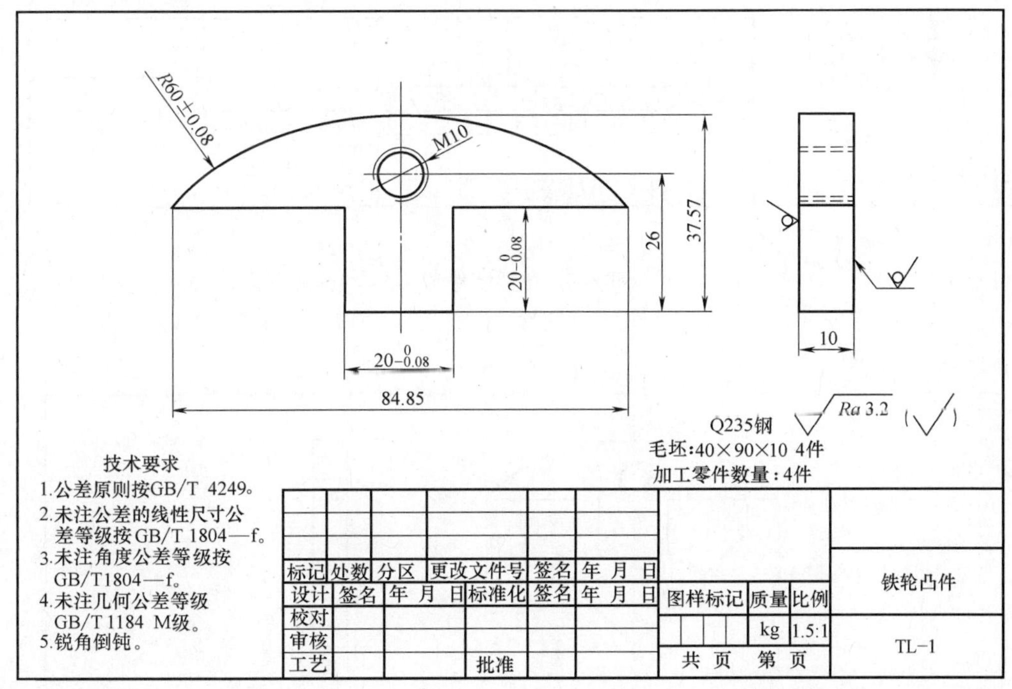

图 4-2　凸件零件图

任务分析

一、制订工作计划

利用钳工技能完成铁轮的制作，分别需要完成选料，选取工、量、刀具，件 1 与件 2 加工，质量检测，5S 现场管理等任务内容，请根据本小组的实际情况，与组员协商分工，填写表 4-1 的相关内容。

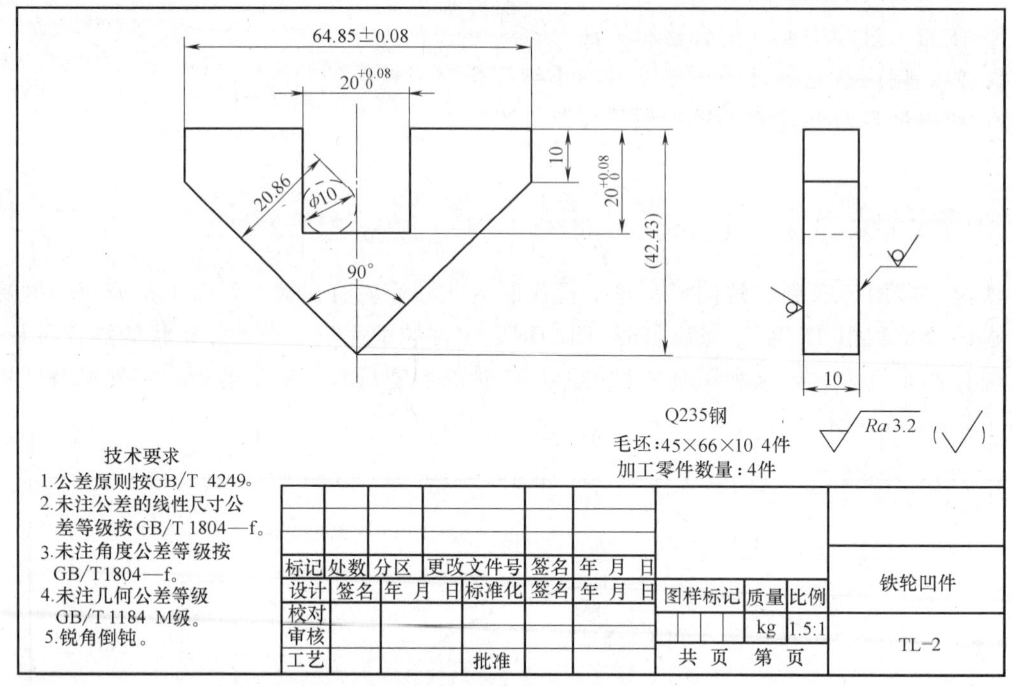

图 4-3 凹件零件图

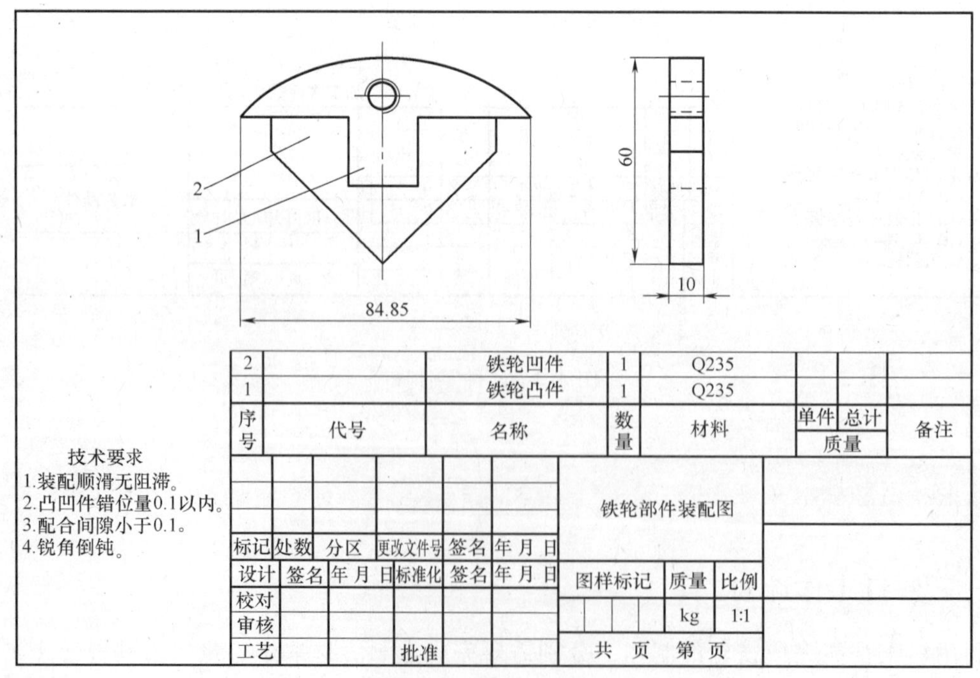

图 4-4 铁轮部件装配图

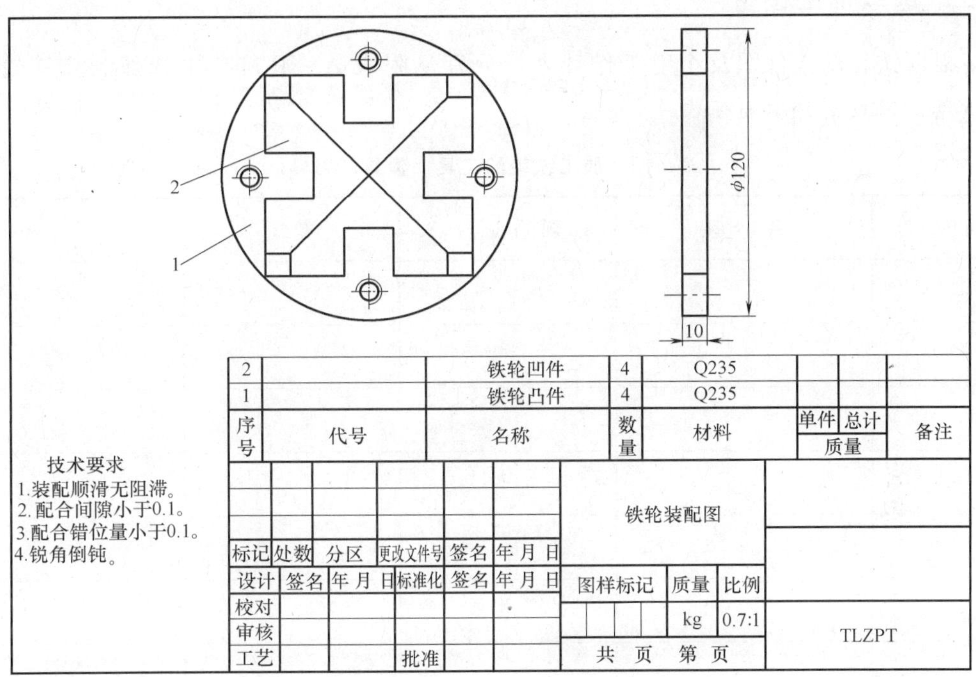

图 4-5　铁轮装配图

表 4-1　小组分工合作计划

组　名		小组成员		
序　号	任　务　内　容	计划用时	完成时间	负 责 人

二、选取加工设备

请根据铁轮的零件图及小组工作计划，分别从附表 A～附表 C 中选择制作铁轮的工具、量具、刀具，并填写在表 4-2 中。

表 4-2　加工铁轮的工具、量具、刀具

序号	名　称	规格型号	数量	备　注

三、知识准备

1. 外径千分尺

（1）定义及结构　外径千分尺是用来测量零件直径、长度、宽度、厚度的量具，它是比游标卡尺更精密的长度测量工具，其结构如图 4-6 所示。

（2）量程与精度　外径千分尺的量程与分度值一般在尺架上注明，如“25～50mm，0.01mm”，表示该尺的测量量程为 25～50mm，分度值为 0.01mm。常用的外径千分尺量程有 0～25mm，25～50mm，50～75mm，75～100mm，100～125mm。

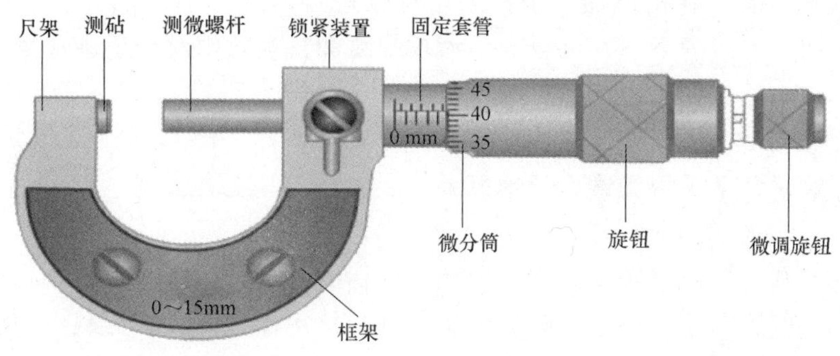

图 4-6　外径千分尺结构

（3）0 位校正　使用千分尺时先要检查其 0 位是否校准。因此先松开锁紧装置，清除油污，特别是测砧与测微螺杆间接触面要清洗干净，检查微分筒的端面是否与固定套管上的 0 线重合，然后借助量块与专用扳手调节套管的位置，使两 0 线对齐。

（4）读数原理　外径千分尺的读数由两部分组成，即固定套管数值与微分筒数值之和。其中，固定套管中线上方每 1 个标尺间隔为 1mm，中线下方每 1 个标尺间隔为 1mm，微分筒上每 1 个标尺间隔为 0. 01mm。如图 4-7 所示，a 图读数为 8. 27mm，b 图读数为 8. 77mm。

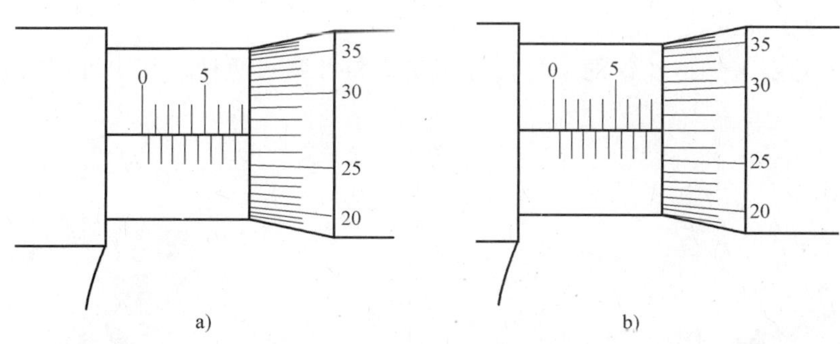

图 4-7　外径千分尺读数

（5）使用注意事项

① 使用前，必须使用标准量块进行 0 位校正。

② 测量时，匀速旋转测力装置，避免冲击。

③ 测量外径时应反复找正，选择最小值作为测量值。

④ 不要任意拆卸千分尺。

⑤ 保持千分尺的干净整洁。

⑥ 长期不用时，应使用酒精擦洗并涂防锈油，放入包装盒内。

2. 手动攻螺纹

（1）定义与分类　在机械加工中，采用丝锥进行内螺纹加工的方法称为攻螺纹，俗称攻丝。按照加工方式的不同，可分为手动攻螺纹和自动攻螺纹。手动攻螺纹一般应用于公称直径较小或不适宜在机床上加工的内螺纹。

（2）手动攻螺纹工具

手动攻螺纹时，常采用丝锥、丝锥扳手、装夹夹具等工具。

1）丝锥。

丝锥是加工圆柱形内螺纹和圆锥形内螺纹的标准工具。丝锥是加工小直径内螺纹的常用成形工具，一般用高速钢制造，分为手用丝锥和机用丝锥两种。为减少切削力，提高丝锥使用寿命，常将整个切削量分配给几支丝锥来完成。通常 M6～M24 的丝锥，每套为两支，分别标记为Ⅰ和Ⅱ，如图 4-8 所示。

图 4-8　一套丝锥

2）丝锥扳手。

丝锥扳手是用来夹持丝锥的工具，分固定式和可调式两种，其中可调式应用广泛，如图 4-9 所示。

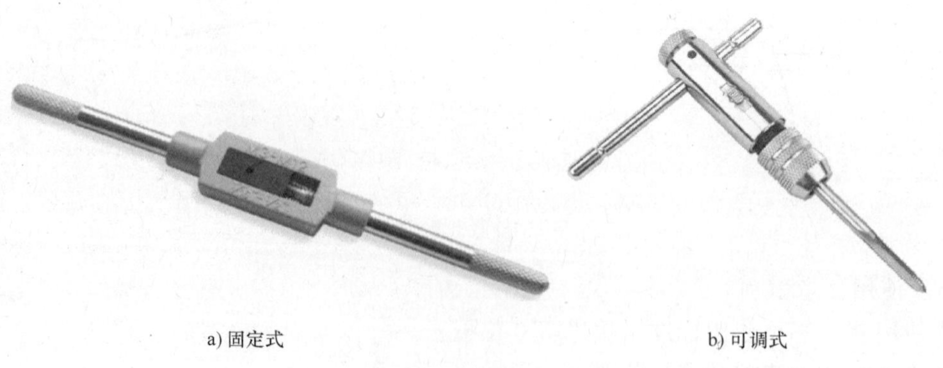

a) 固定式　　b) 可调式

图 4-9　丝锥扳手

3）装夹夹具。

手动攻螺纹时，常采用平口钳、自定心卡盘等通用工具装夹零件。

（3）螺纹底孔直径的计算　如图 4-2 所示，标注 M10 的内螺纹表示螺纹的公称直径为 10mm，手动攻螺纹前需要加工出孔的小径。在加工过程中，常用下列经验公式计算底孔直径：

$$D_1 = D - P \tag{4-1}$$

$$D_1 = D - (1.05 \sim 1.1) P \tag{4-2}$$

其中，D_1 表示底孔直径，即螺纹小径，D 表示螺纹公称直径，P 表示螺距。式（4-1）适用于钢料及韧性材料，式（4-2）适用于铸铁及脆性材料。

（4）手动攻螺纹的操作方法（图 4-10）

① 用稍大于底孔直径的钻头或锪钻将孔口两端面倒角，以利于丝锥切入。

② 选用Ⅰ攻，注意使丝锥中心与孔的中心重合，然后对丝锥施加压力，由顺时针方向转动丝锥扳手攻入，退出时为逆时针方向。

③ 当丝锥切入 1~2 圈后，要及时目测或使用直角尺检查其垂直度。

④ 当形成几圈螺纹后，只要均匀转动丝锥就能顺利攻入，每转 1~2 圈后要倒 1/4 圈，以利于断屑和排屑。

⑤ Ⅰ攻攻完后，逆时针方向旋出丝锥；再选用Ⅱ攻，应先用手将丝锥旋入 1~2 圈以定位扶正，再用丝锥扳手攻入，以防乱扣。

⑥ 对于钢件工件，攻螺纹时要加润滑油以减少摩擦、提高螺纹表面质量，对于铸件一般不用润滑液或可用煤油润滑。

3. 配合加工检验方法

钳工在锉配加工时，为了保证配合精度，一般先按零件图要求加工完成其中一个零件作为基准件，然后以基准件做配合参考完成与之有配合关系的第二个零件。在加工第二个零件的过程中，需要不断地用基准件进行试配，从而得知待加工面的实际位置、加工余量、配合间隙等，直至达到配合精度要求。试配时，常采用透光法、涂色法、塞尺法进行检验。

（1）透光法　此法与检验直线度的直角尺透光法类似。操作时，把装配好的两零件朝着亮光举起至与眼睛平齐的位置，以基准件为标准，用目测法观察加工余量、配合间隙及位置。该法经济实用、方便快捷，但由于是目测法估值，无法得出具体的加工余量或间隙数值，故常用于锉配加工中的试配。

（2）涂色法　试配时，先在基准件的配合面涂上薄薄一层红丹粉，然后把基准件与另一零件进行压紧配合，然后拆开配合移除基准件，观察另一零件的配合面的着色面积，面积越大则配合精度越高。此法能有效得知配合面积的大小及位置，适用于型腔类、圆锥类的配合检验。

（3）塞尺插入检测法　塞尺是由一组具有不同厚度级差的薄钢片组成的量规，用来检验两个结合面之间间隙大小的片状量规，如图 4-11 所示。

当两零件完成装配后，可用塞尺的尺片插入两结合面之间的间隙来检测其间隙的数值。该法可得出精确的间隙值。

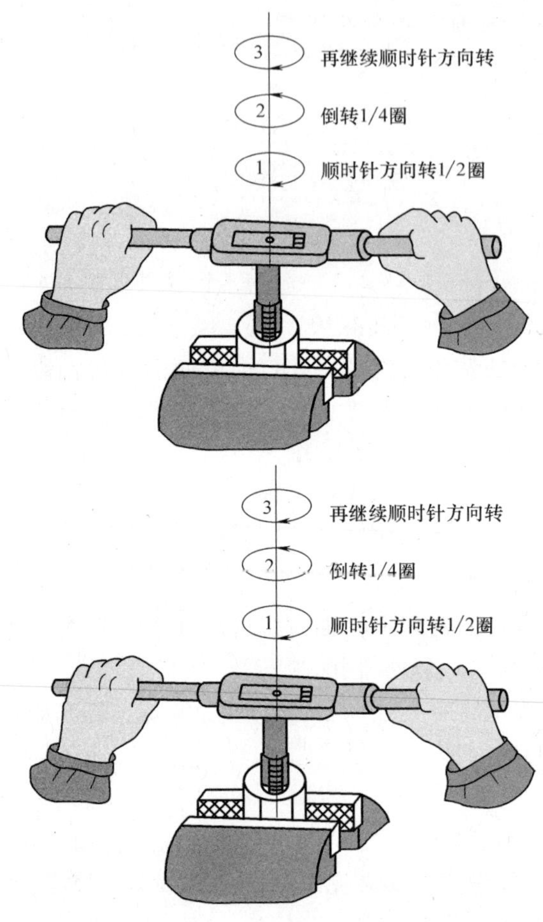

图 4-10　攻螺纹

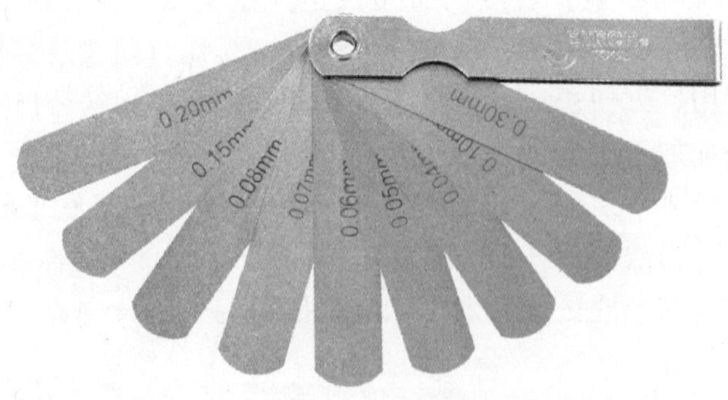

图 4-11　塞尺

塞尺的使用方法为：

① 用干净的布将塞尺测量表面擦拭干净，不能在塞尺沾有油污或金属屑的情况下进行测量，否则将影响测量结果的准确性。

② 将塞尺插入被测间隙中，来回拉动塞尺，感到稍有阻力，说明该间隙值接近塞尺上所标出的数值；如果拉动时阻力过大或过小，则说明该间隙值小于或大于塞尺上所标出的数值。

③ 进行间隙的测量和调整时，先选择符合间隙规定的塞尺插入被测间隙中，然后一边调整，一边拉动塞尺，直到感觉稍有阻力时，取出塞入的塞尺片，计算塞尺片的厚度，此时的数值即为被测间隙值。

任务实施

一、制订正确的工艺路线

请根据零件的加工要求，分别从表4-3、表4-4中选择自己负责零件的工艺简图，从表4-5、表4-6中选择自己负责零件的工艺内容，按正确顺序填写在表4-7与表4-8零件的加工工艺中，并从附录A～C中选择合适的工、量、刀具完善表4-7与表4-8中的其他内容。

表4-3　铁轮凸件的加工简图

序号	工艺简图	序号	工艺简图
1	B A	3	D 20 C 20
2	B A 20 52.43	4	基准

（续）

序号	工艺简图	序号	工艺简图
5	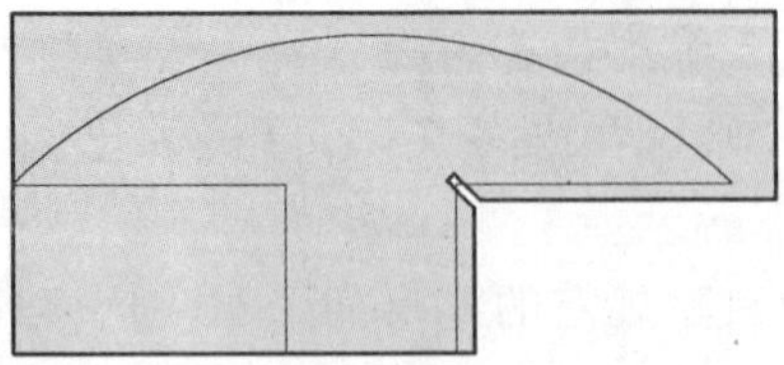	11	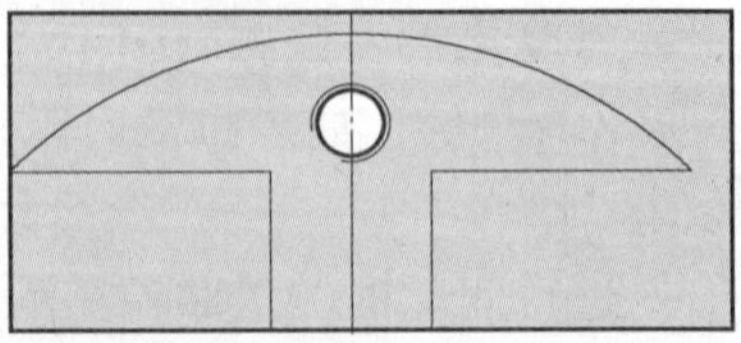
6	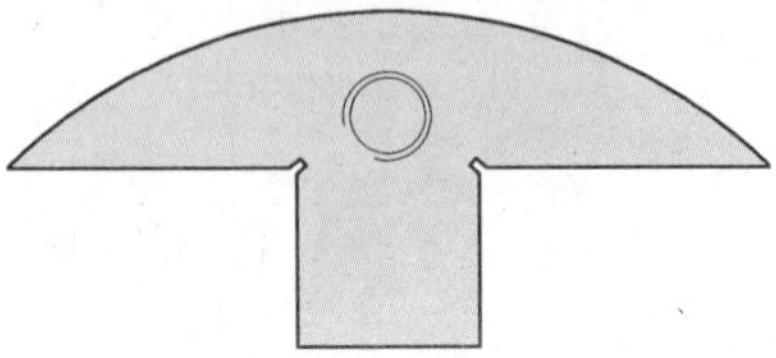	12	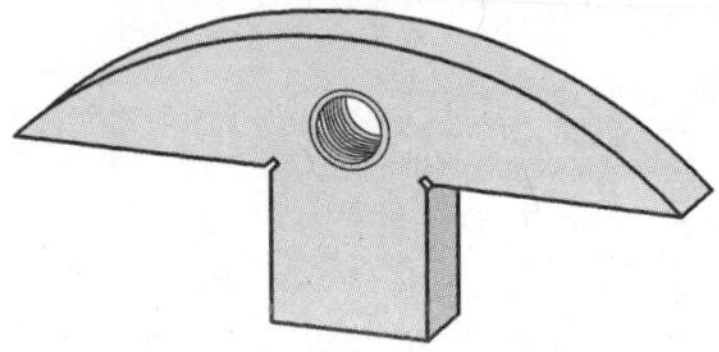
7	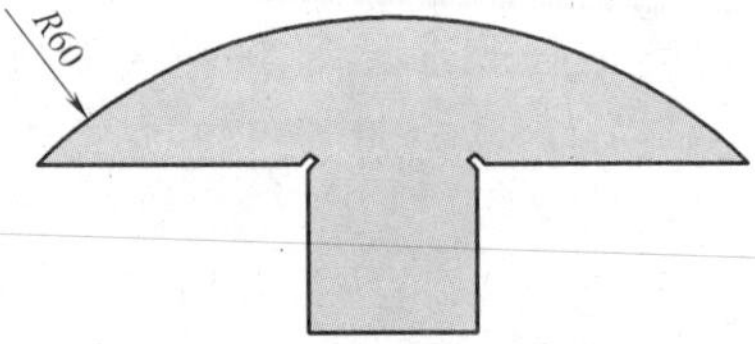 R60	13	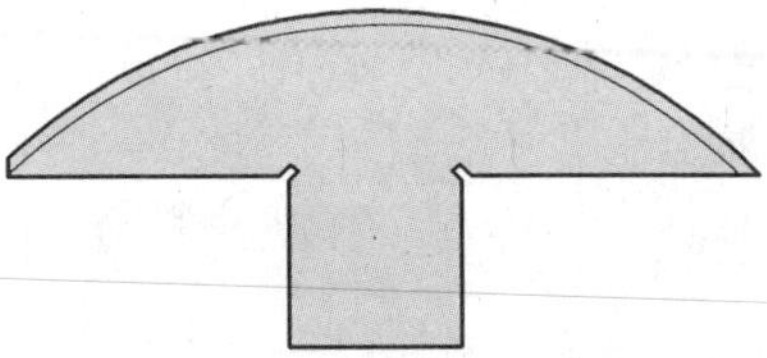
8	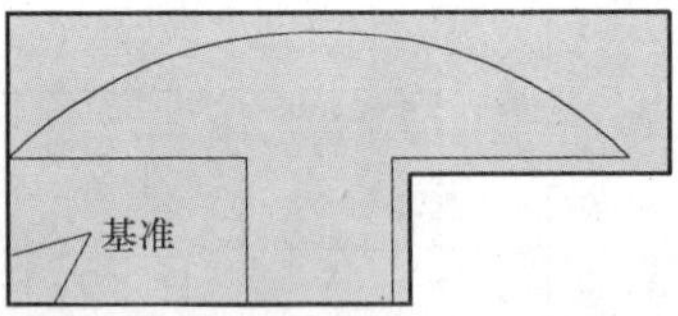 基准	14	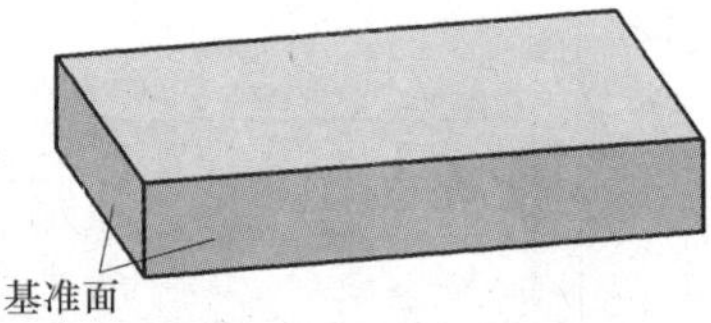 基准面
9	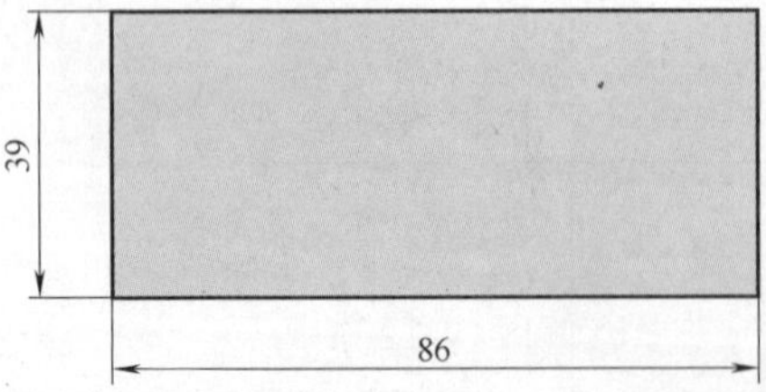 39 86	15	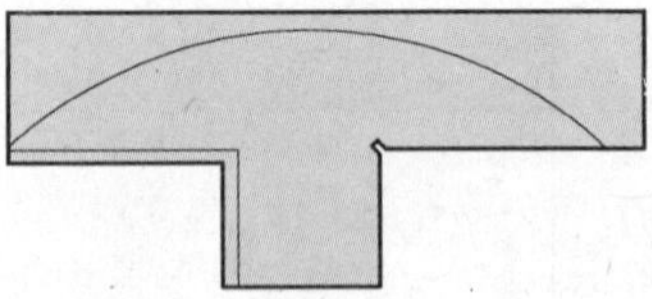
10	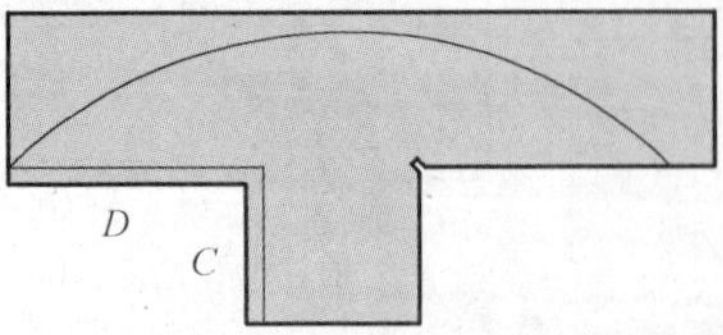 D C	16	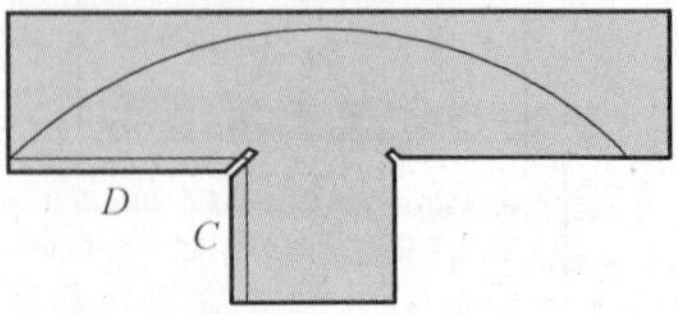 D C

表 4-4　铁轮凹件的加工简图

序号	工 艺 简 图	序号	工 艺 简 图
1	基准	6	
2	20.86　90°　J　ϕ10	7	
3		8	5　ϕ8.50　5　9
4	基准面	9	
5	44.50　65.50	10	20.86　I　ϕ10

（续）

序号	工 艺 简 图	序号	工 艺 简 图
11	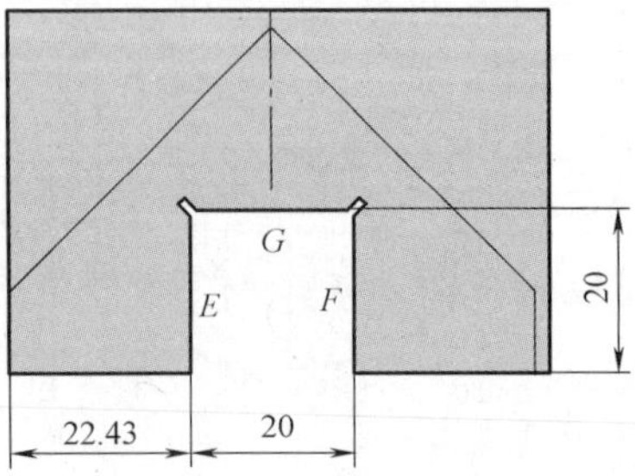 G E F 20 22.43 20	14	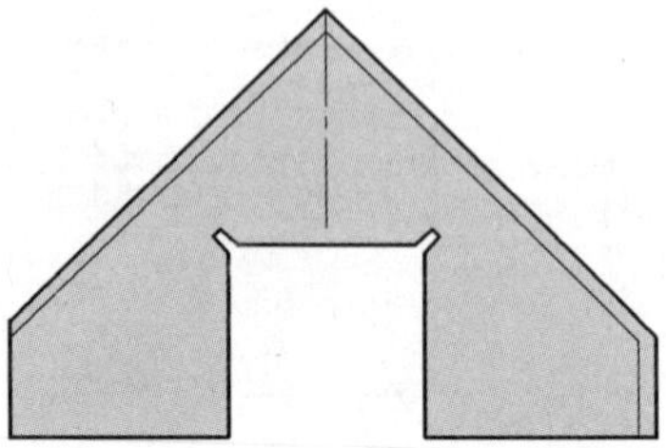
12	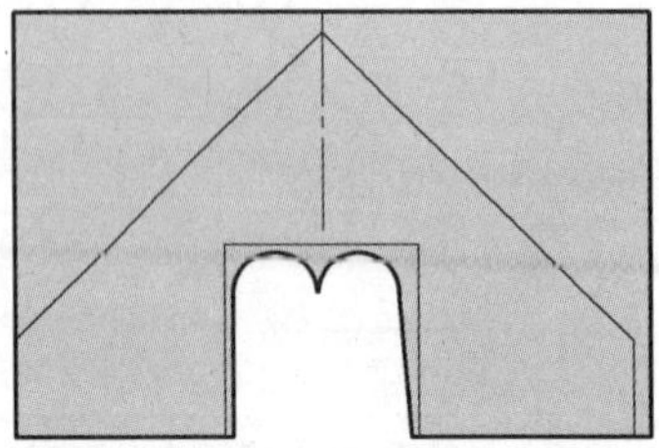	15	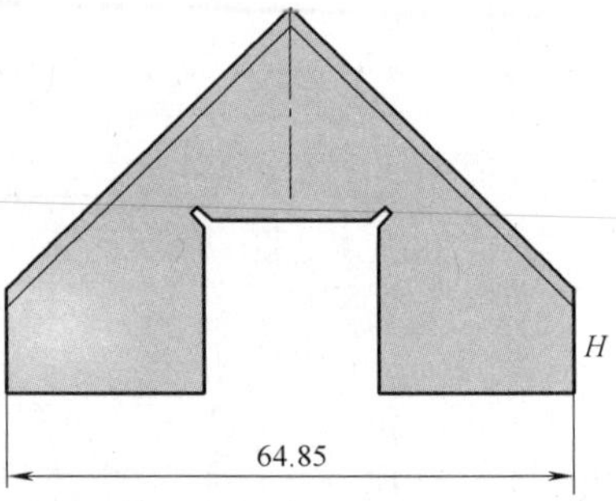 H 64.85
13	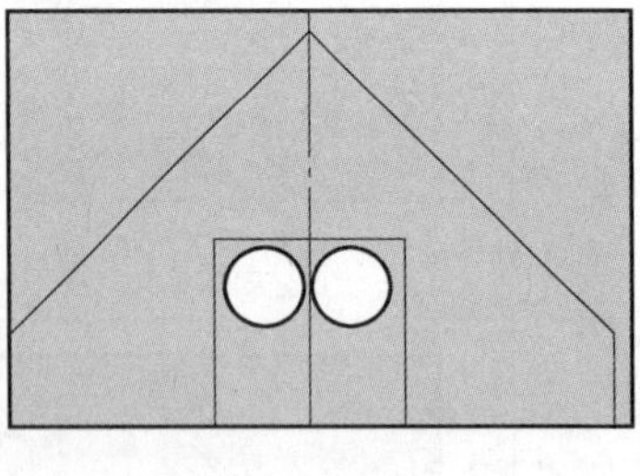		

表 4-5 铁轮凸件的加工工艺

序号	工 步 内 容	序号	工 步 内 容
1	锯削去除另一个凸台余料	9	锯削直角工艺槽
2	整个零件检测一遍	10	锯削圆弧余料
3	锯削直角工艺槽	11	根据图样尺寸利用基准面对零件进行划线
4	粗锉 *A*、*B* 面	12	检测毛坯总体情况，锉削一直角作为基准面
5	粗、精加工圆弧面并保证 *R*60mm 尺寸	13	去除毛刺
6	粗加工 *C*、*D* 面	14	精加工 *C*、*D* 面保证尺寸 20mm、20mm
7	锯削去除非基准面的凸台余料	15	下料保证尺寸大于 39mm×86mm
8	钻 ϕ8.5mm 的螺纹底孔并攻 M10 螺纹	16	精加工 *A*、*B* 面保证尺寸 19mm、38mm

表 4-6 铁轮凹件的加工工艺

序号	工步内容	序号	工步内容
1	锯削并錾去凹槽余料	8	粗、精加工 J 面并保证尺寸
2	锯削直角工艺槽		
3	去除毛刺	9	整个零件检测一遍
4	粗、精加工 H 面并保证尺寸	10	钻两个 ϕ8.5mm 排孔
5	精加工凹槽,先加工 E 面完成后再加工 F、G 面,保证 22.43mm、20mm 等尺寸	11	检查毛坯,保证毛坯尺寸大于 44.5mm ×65.5mm
6	根据图样尺寸利用基准面对零件进行划线,完成后要检查一遍,确保划线准确	12	粗、精加工 I 面并保证尺寸
		13	锯削去除 90°角余料
7	检测毛坯总体情况,锉削一直角平面作为基准面	14	粗加工凹槽
		15	确定凹槽,钻排孔位置

表 4-7 凸件的加工工艺

工艺序号	工艺简图号码	工步内容号码	使用工具	使用量具	加工刀具	备注

表 4-8　凹件的加工工艺

工艺序号	工艺简图号码	工步内容号码	使用工具	使用量具	加工刀具	备注

二、加工注意事项

加工铁轮的过程中，需要注意的事项见表 4-9。

表 4-9　铁轮加工注意事项

类别	序号	注意事项内容	备　注
常规项	1	正确穿戴好劳保用品	
	2	必须熟知工具的性能、特点、使用、保管和维修及保养方法	
	3	注意安全文明生产	
加工项	1	在加工过程中一定要多测量工件的加工尺寸，以保证达到加工尺寸要求和几何公差以及表面质量要求	
	2	加工凸件外圆 R60mm 尺寸时应预留余量，等装配后一起整体加工	重点
	3	配作中基准件是配合件加工的基准，必须保证质量。所以为了保证锉配精度，必须选择凸件作为基准件，因为外表面更便于加工和测量，凹件只能作为配作件	
	4	凹形面的加工，必须根据凸形尺寸来进行配锉，加工过程中不需测量	

（续）

类别	序号	注意事项内容	备　注
加工项	5	各配合面的内直角部分要注意认真清角，以保证配合到位	
	6	锉配时，应单向锉配，达到要求后再做转位锉配修整。修整时，应综合分析并从整体情况考虑，避免盲目修整，造成局部间隙过大	
检测项	1	千分尺两测量面将与工件接触时，要使用测力装置，不要直接转动微分筒	
	2	千分尺测量工件时，应根据测量尺寸合理选用适合量程的千分尺进行测量	
	3	不得把两量爪当作固定卡钳使用，以免加快量爪的量面磨损	
	4	由于塞尺很薄，容易折断，使用时应特别小心，使用后应在表面涂以防锈油，并收回到保护板内	

三、装配注意事项

铁轮的装配流程如图 4-12 所示，装配时要注意以下几点：

1）详细了解装配图，熟悉装配工艺规程和要求。

2）准备好各凸凹配合工件及工具，给所有工件进行编号。

3）对凸凹配合工件主要配合尺寸及相关精度进行复查，并注意工件毛边、毛刺及内角的清理。

4）根据装配流程图进行铁轮的装配，并注意各零件之间的装配关系，对不符合要求的零件进行修锉。

5）装配完成后，应对照图 4-5 要求修整外圆 $\phi120$mm。

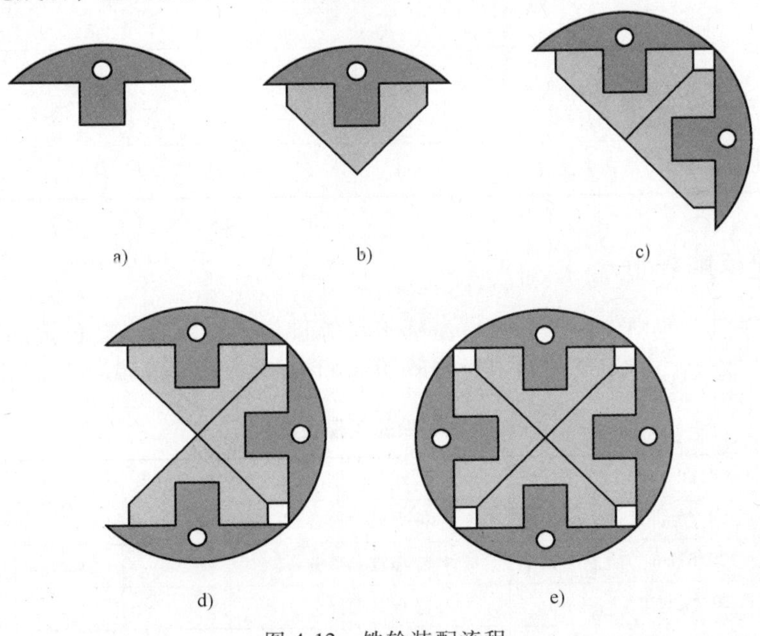

图 4-12　铁轮装配流程

6）整理工作场地。

学习评价

一、学习过程评价

请根据本次任务学习过程中的实际情况，在表 4-10 中对自己及学习小组进行评价。

表 4-10　学习过程评价表

学习小组：________　　姓名：________　　评价日期：________

评价人	评价内容	评价等级	情况说明
自我评价	能否按 5S 要求规范着装	能 □　不确定 □　不能 □	
	能否针对学习内容主动与其他同学进行沟通	能 □　不确定 □　不能 □	
	能否叙述铁轮零件的加工工艺过程	能 □　不确定 □　不能 □	
	能否规范使用工、量、刀具及钻孔设备加工零件	能 □　不确定 □　不能 □	
	你所负责加工的铁轮零件的完成情况如何	按图纸要求完成 □ 基本完成 □　没有完成 □	
	能否独立且正确检测零件尺寸	能 □　不确定 □　不能 □	
小组评价	小组所使用的工、量、刀具能否按 5S 要求摆放	能 □　不确定 □　不能 □	
	小组组员之间团结协作、沟通情况如何	好 □　一般 □　差 □	
	小组所有成员制作的零件能否正常装配完成铁轮	能 □　不能 □	
教师评价	学生个人在小组中的学习情况	积极 □　懒散 □ 技术强 □　技术一般 □	
	学习小组在学习活动中的表现情况	好 □　一般 □　差 □	

二、专业技能评价

请参照零件图，使用外径千分尺、游标卡尺等量具，分别对自己负责加工的零件与小组其他零件进行检测，并把检测结果填写在表 4-11 中。

表 4-11　铁轮质量检测表

序号	检测项目	配分	评分标准	自检结果	得分	互检结果	得分
1	凸件长 84.85mm	5	符合要求得分				
2	凸件宽 37.57mm	5	符合要求得分				
3	凸件长 $20_{-0.08}^{0}$mm	5	符合要求得分				
4	凸件宽 $20_{-0.08}^{0}$mm	5	符合要求得分				

（续）

序号	检测项目	配分	评分标准	自检结果	得分	互检结果	得分
5	$R(60\pm0.08)$mm	5	符合要求得分				
6	M10 螺纹	20	符合要求得分				
7	凹件长(64.85 ± 0.08)mm	5	符合要求得分				
8	凹件宽 42.43mm	5	符合要求得分				
9	槽宽 $20^{+0.08}_{0}$mm	5	符合要求得分				
10	槽深 $20^{+0.08}_{0}$mm	5	符合要求得分				
11	90°角	5	符合要求得分				
12	配合长 84.85mm	5	符合要求得分				
13	配合宽 60mm	5	符合要求得分				
14	配合 ϕ120mm 整圆	10	符合要求得分				
15	平面度	5	每处不合格扣 1 分				
16	表面粗糙度值	5	每处 Ra3.2μm 降一级扣 1 分				
合计		100					

课后作业

请结合本次任务的学习情况，在课后制作一份 A3 幅面的手抄表。要求如下：

1）归纳本次任务所学会的知识和技能。

2）加工铁轮零件的过程中，总结自己或者学习小组出现的问题及解决方法。

3）总结学习心得与反思。

4）版面清晰，字迹工整，图文并茂，体现创新思想。

学习任务 5

风车的制作

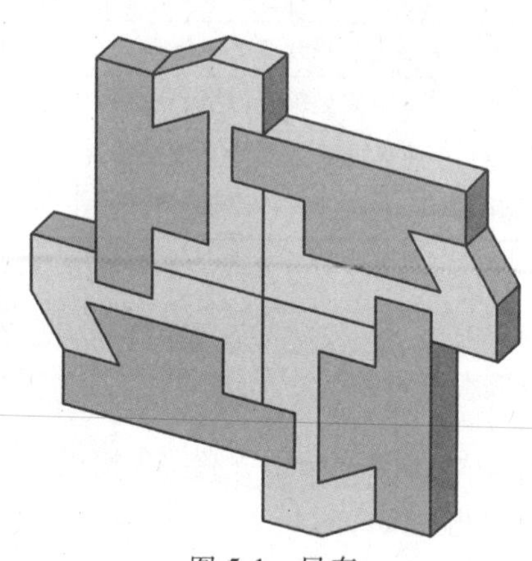

图 5-1　风车

学习内容

本次任务主要学习以下知识：

1. 游标万能角度尺的使用。
2. 选择风车（图 5-1）的加工工艺。
3. 制作风车零件。
4. 风车零件的质量检测。

学习目标

完成本学习任务后，应具备以下技能：

1. 根据零件图要求，利用工、量、刀具进行风车的划线操作。
2. 正确使用游标万能角度尺测量角度。
3. 正确选择风车零件的加工工艺。
4. 独立完成风车零件的加工，最终小组配合完成风车的装配。
5. 利用量具对风车零件进行质量检测。

任务描述

风车一般由四片形状相似、位置对称的叶片均匀分布在圆周上，中间通过轴承固定在旋转轴上组成，它迎风旋转，常见于风力发电机、儿童玩具等。

现有企业订单，要求利用金属材料加工风车的益智拼图玩具，数量若干。零件图及装配图如图 5-2~图 5-5 所示。

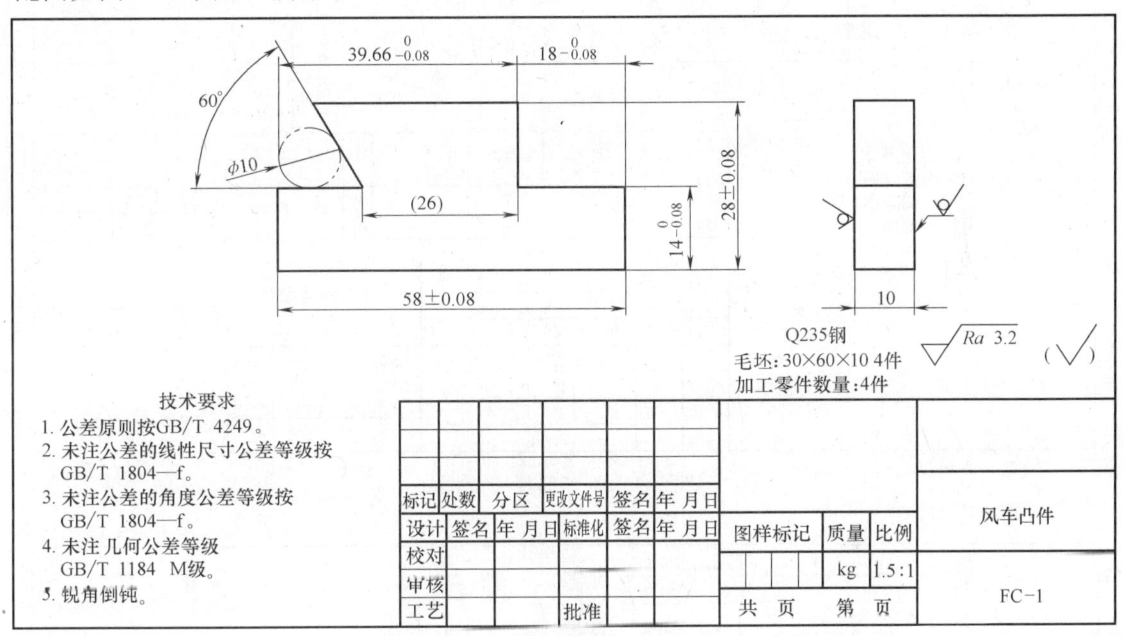

图 5-2　风车凸件零件图

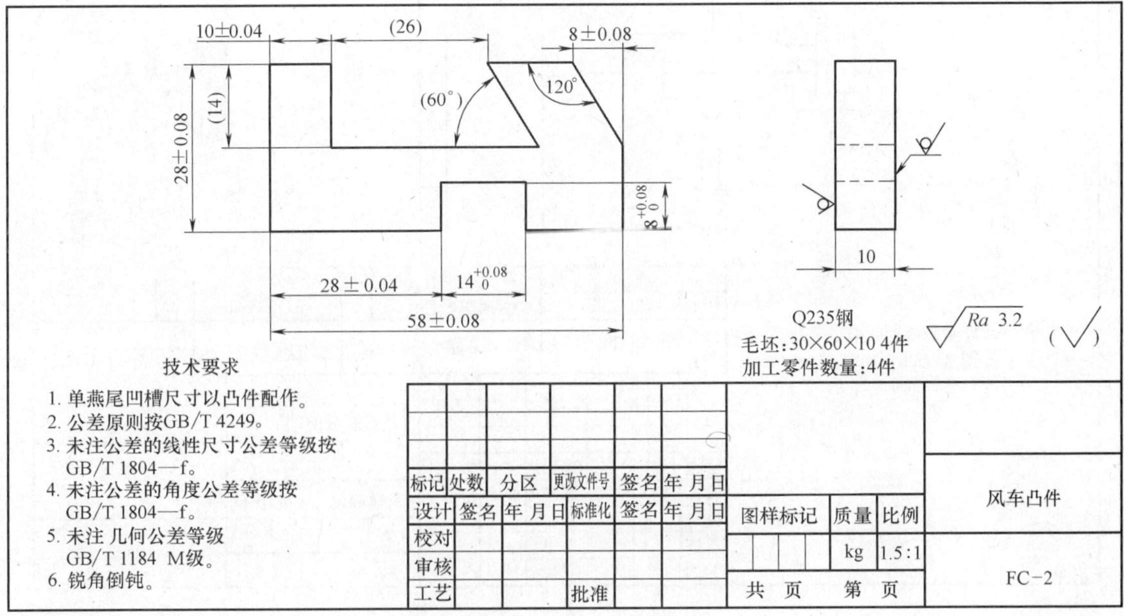

图 5-3　风车凹件零件图

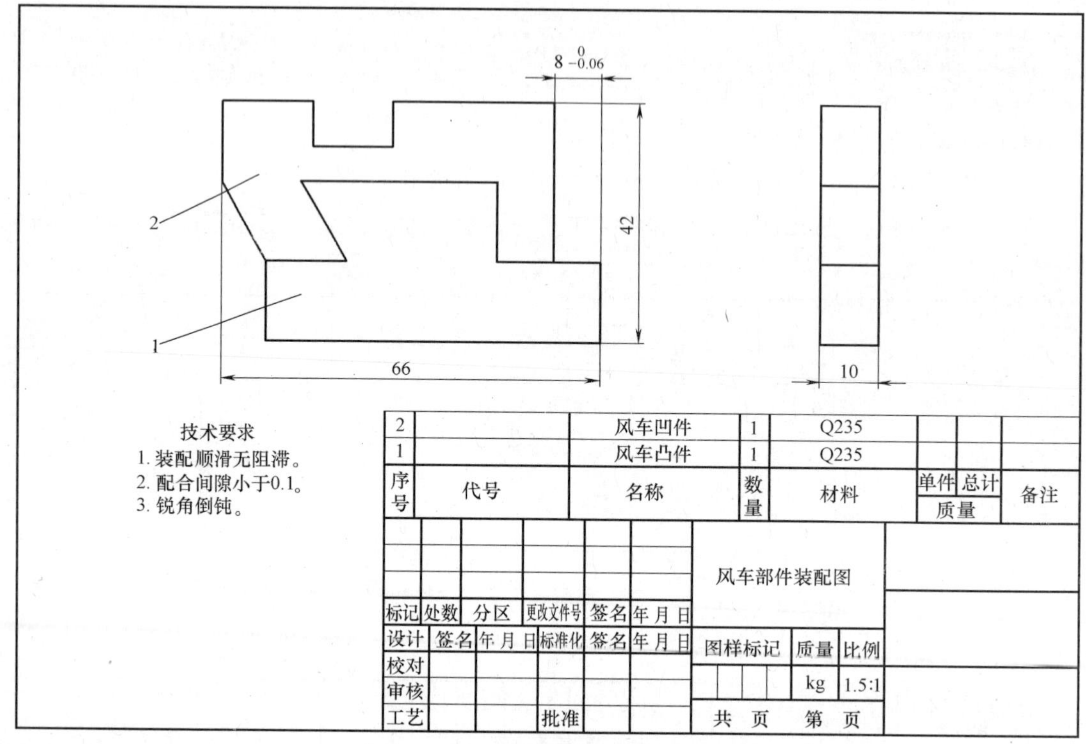

2		风车凹件	1	Q235			
1		风车凸件	1	Q235			
序号	代号	名称	数量	材料	单件	总计	备注
					质量		

图 5-4　风车部件装配图

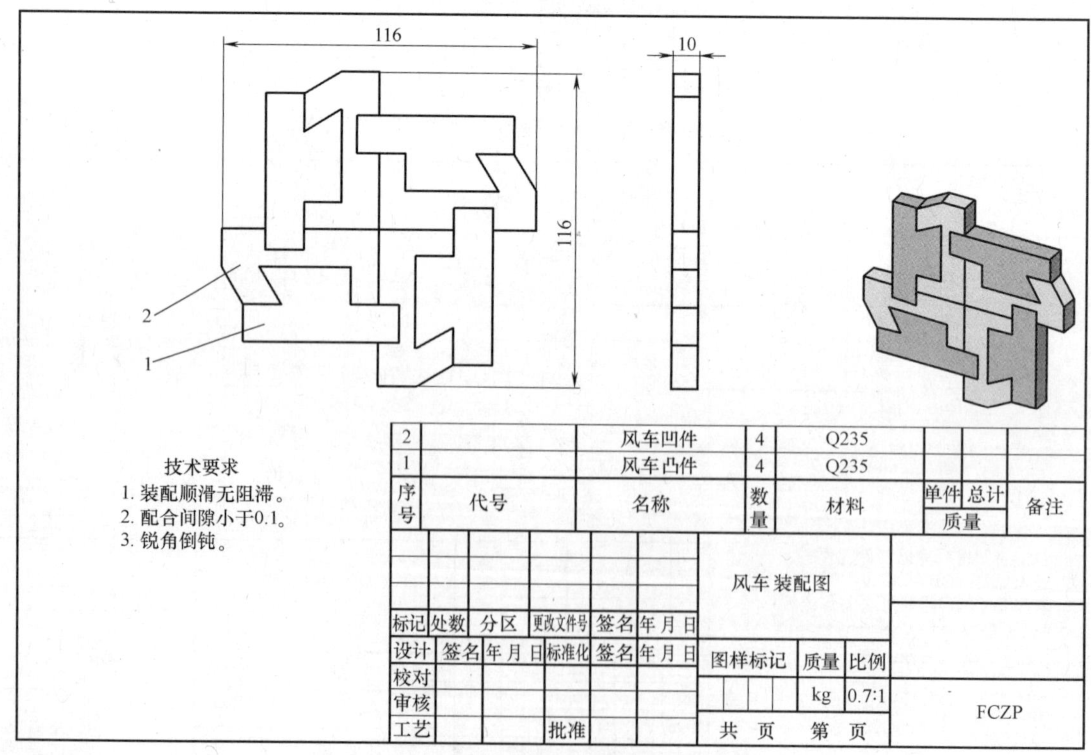

2		风车凹件	4	Q235			
1		风车凸件	4	Q235			
序号	代号	名称	数量	材料	单件	总计	备注
					质量		

图 5-5　风车装配图

任务分析

一、制订工作计划

利用钳工技能完成风车的制作，分别需要完成选料，选取工、量、刀具，凸件与凹件加工，质量检测，5S 现场管理等任务内容，请根据本小组的实际情况，与组员协商分工，填写表 5-1 的相关内容。

表 5-1　小组分工合作计划

组　名		小组成员			
序　号	任　务　内　容			计划用时	完成时间	负 责 人

二、选取加工设备

请根据风车的零件图及小组工作计划，分别从附表 A ~ C 中选择制作风车的工具、量具、刀具，并填写在表 5-2 中。

表 5-2　加工风车的工、量、刀具

序　号	名　　称	规 格 型 号	数　量	备　　注

三、知识准备

1. 游标万能角度尺的结构

游标万能角度尺是用来测量工件内、外角度的量具，其结构如图 5-6 所示。

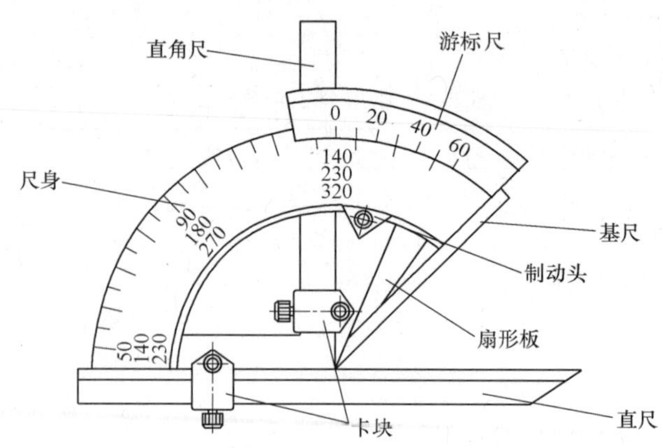

图 5-6　游标万能角度尺的结构

2. 使用方法

游标万能角度尺适用于机械加工中工件内、外角度的测量。测量时，应先校准 0 位，游标万能角度尺的 0 位是当直角尺与直尺均装上，而直角尺的底边及基尺与直尺无间隙接触，此时尺身与游标尺的 0 线对准。调整好 0 位后，通过改变基尺、直角尺、直尺的相互位置测量 0°～320°范围内的任意角，如图 5-7 所示。

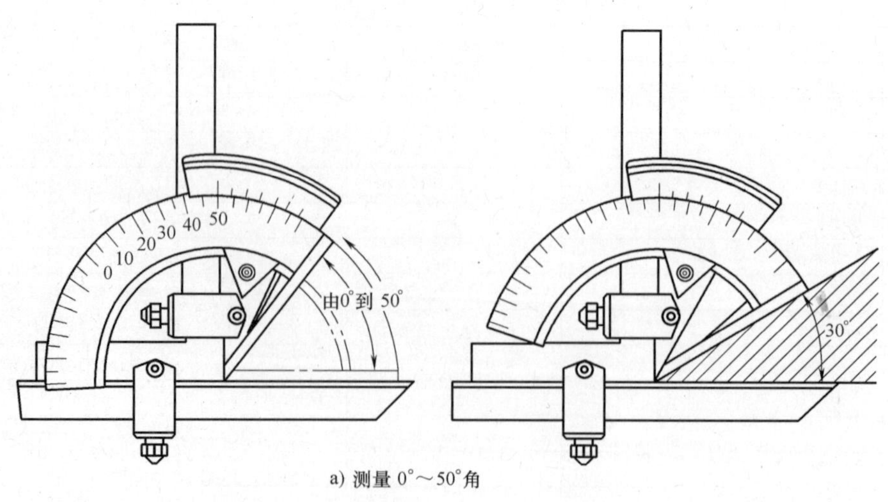

a) 测量 0°～50°角

图 5-7　游标万能角度尺测量示意图

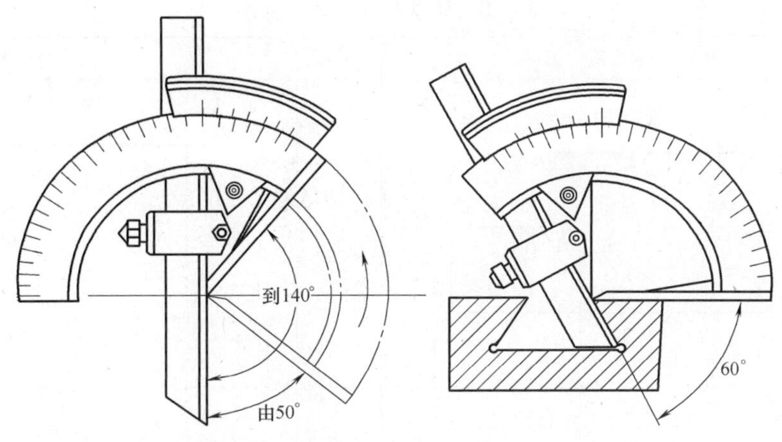

b) 测量50°～140°角

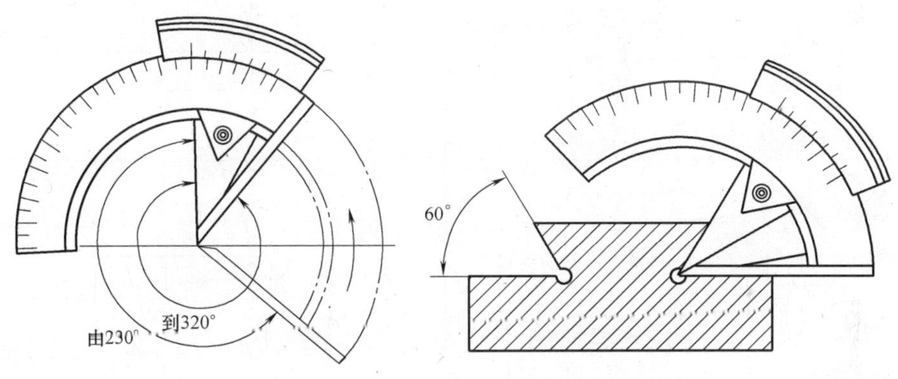

c) 测量230°～320°角

图 5-7　游标万能角度尺测量示意图（续）

3. 读数原理

先读出游标尺 0 线前的角度，再从游标尺上读出角度“分”的数值，两者相加就是被测零件的角度数值。

任务实施

一、制订正确的工艺路线

请根据零件的加工要求，分别从表 5-3、表 5-4 中选择自己负责零件的工艺简图，从表 5-5、表 5-6 中选择自己负责零件的工艺内容，按正确顺序填写在表 5-7 与表 5-8 零件的加工工艺中，并从附录 A～C 中选择合适的工、量、刃具完善表 5-7 与表 5-8 中的其他内容。

表 5-3 风车凸件的加工简图

序号	工艺简图	序号	工艺简图
1	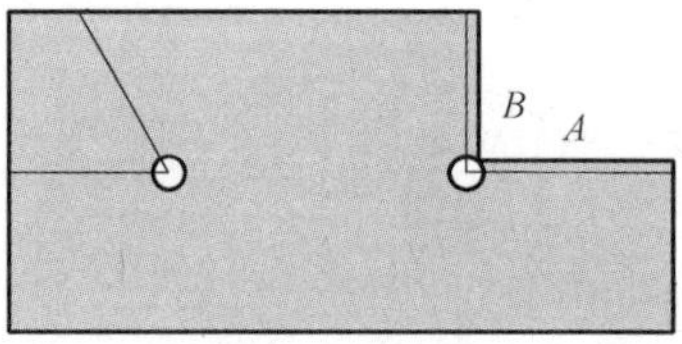 B A	6	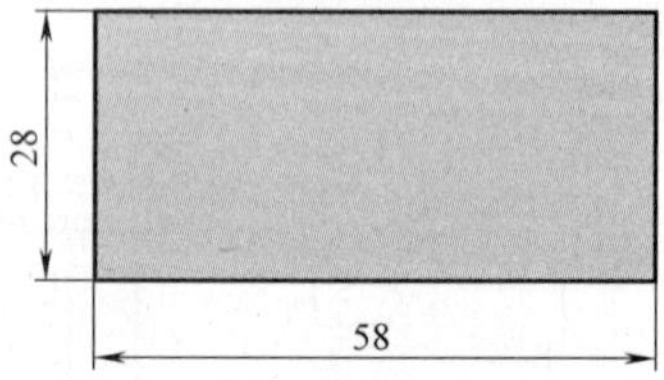 28 58
2	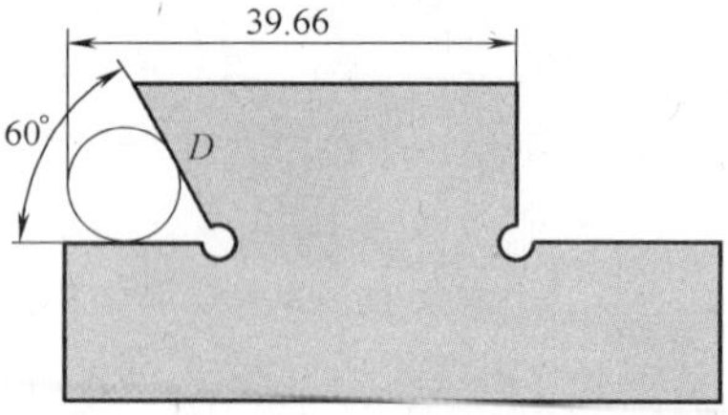 39.66 60° D	7	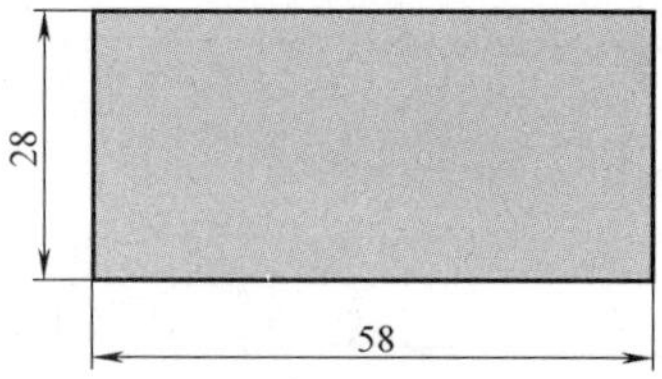 28 58
3	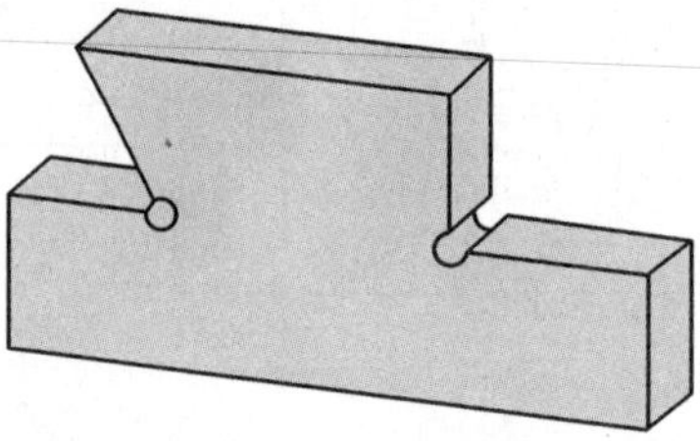	8	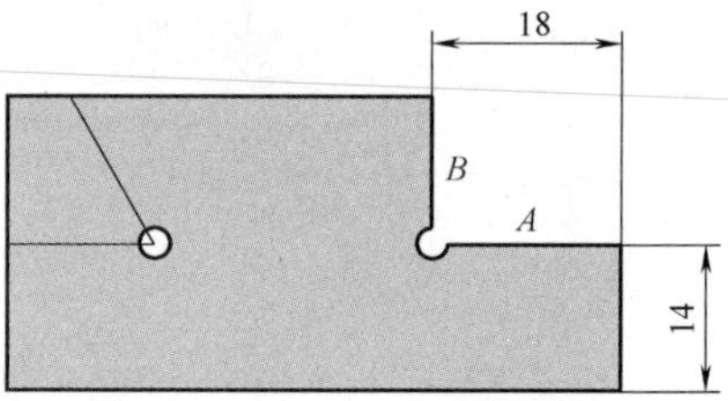 18 B A 14
4	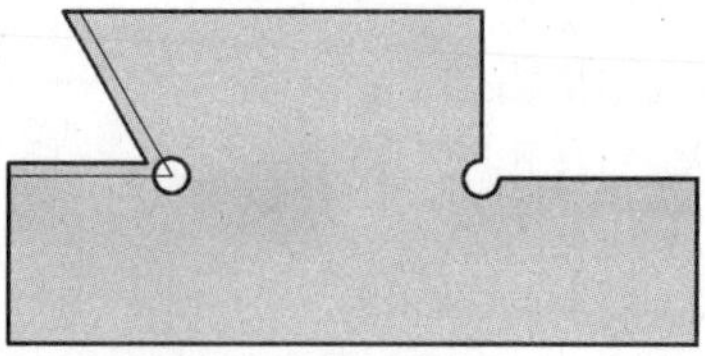	9	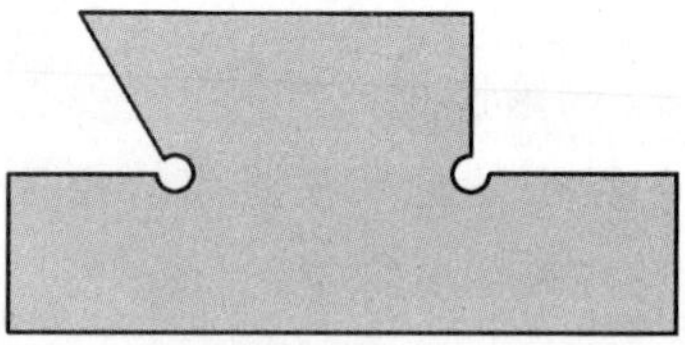
5	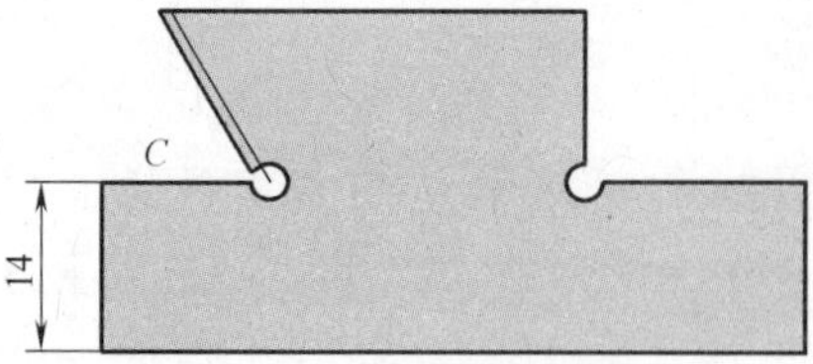 C 14	10	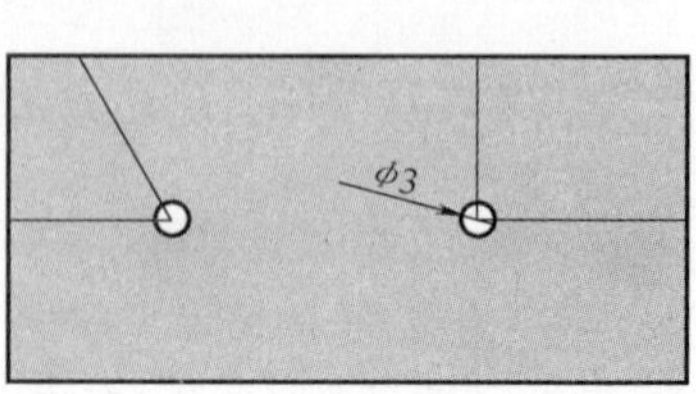 $\phi3$

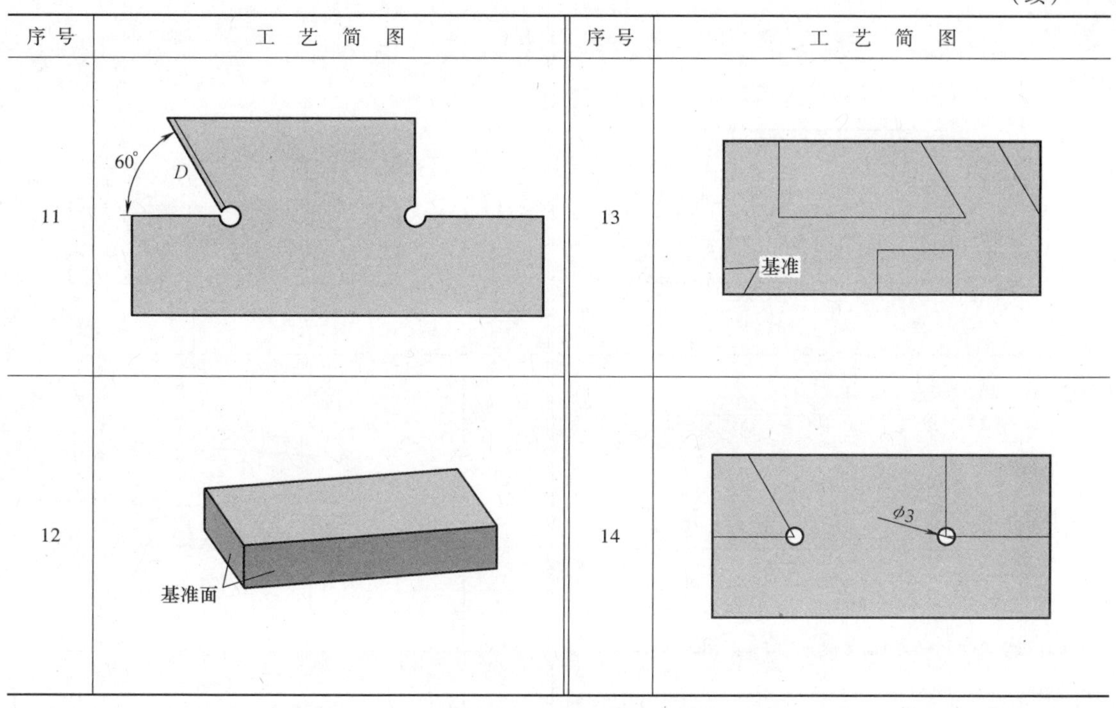

（续）

序 号	工 艺 简 图	序 号	工 艺 简 图
11	60° D	13	基准
12	基准面	14	$\phi 3$

表 5-4　风车凹件的加工简图

序 号	工 艺 简 图	序 号	工 艺 简 图
1		4	
2	3.50　6.50　6.50　$\phi 6$　3.50　3.50　6.50　3.50	5	
3	8　120°	6	8　28　14

（续）

序号	工艺简图	序号	工艺简图
7	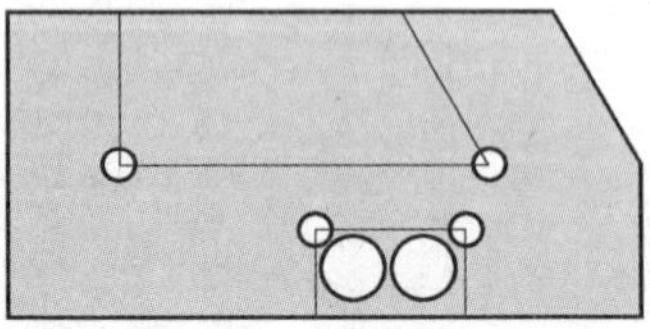	12	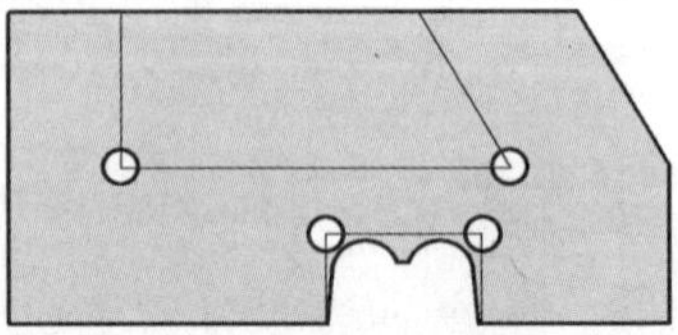
8	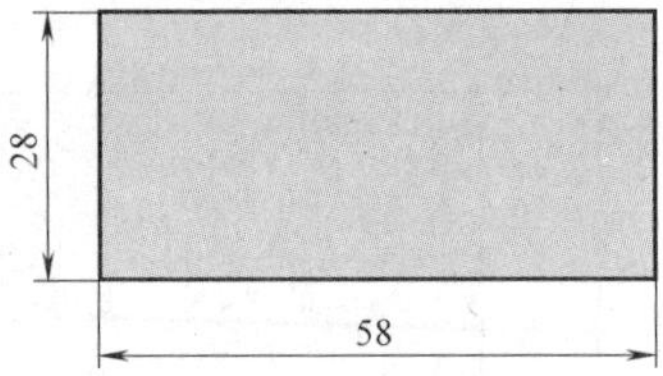 28 58	13	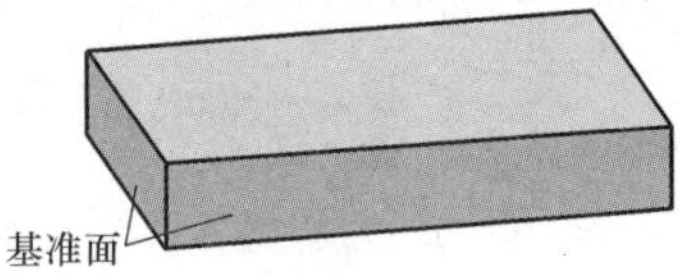 基准面
9	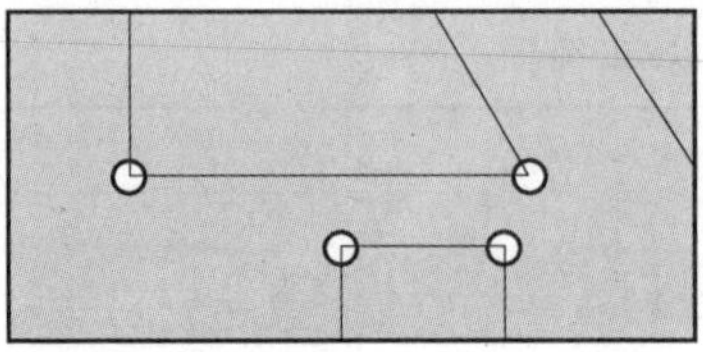	14	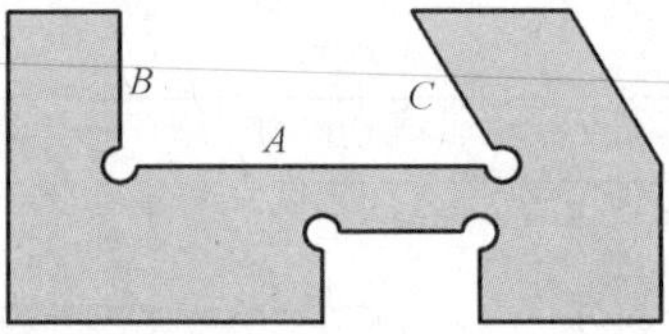 B C A
10	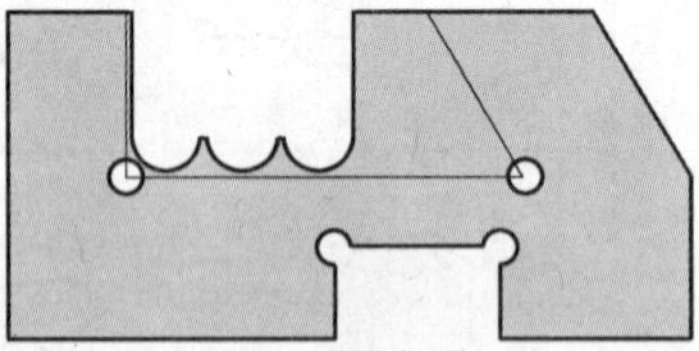	15	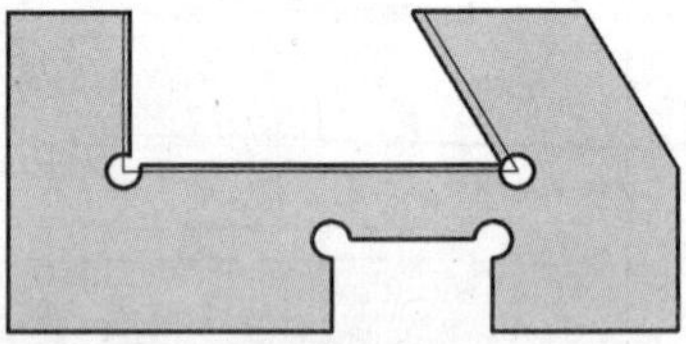
11	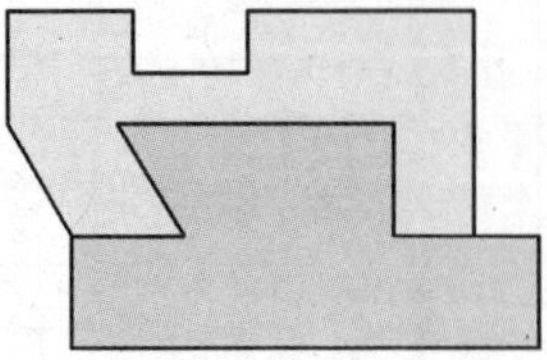	16	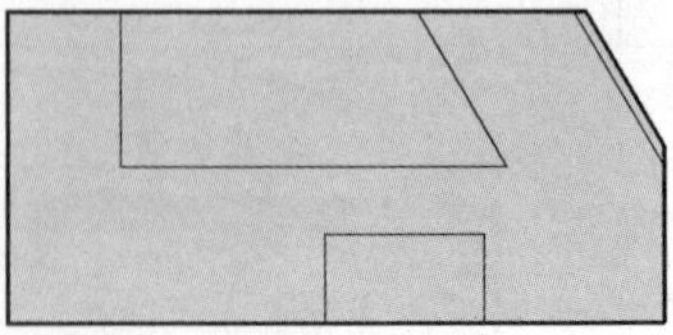

（续）

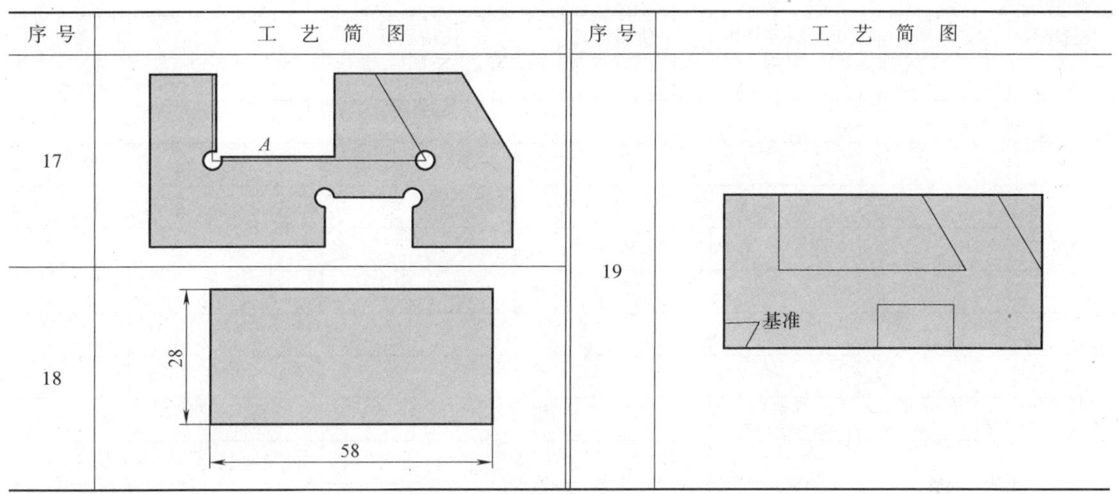

表 5-5　风车凸件的加工工艺

序号	工 步 内 容	序号	工 步 内 容
1	锯削去除另一处余料	9	锉削另外两侧面，保证其与基准面垂直，并保证尺寸 28mm 和 58mm
2	整个零件检测一遍	10	粗加工 *D* 面，保证斜面角度 60°
3	粗、精加工 *C* 面并保证尺寸 14mm	11	锯削去除直角余料
4	精加工 *A*、*B* 面保证尺寸 14mm、18mm	12	检测毛坯总体情况，锉削一直角作为基准面
5	检查毛坯保证毛坯大于 58mm×28mm	13	粗锉 *A*、*B* 面
6	根据图样尺寸利用基准面对零件进行划线	14	精加工 *D* 面，保证斜面角度 60°，并用 ϕ10mm 检测棒测量尺寸达到 39.66mm
7	去除毛刺		
8	钻 2 个 ϕ3mm 工艺孔		

表 5-6　风车凹件的加工工艺

序号	工 步 内 容	序号	工 步 内 容
1	加工燕尾凹槽，先配作 *A*、*B* 面完成后再配作 *C* 面	11	检测毛坯总体情况，锉削一直角作为基准面
2	根据燕尾槽与凹槽确定钻孔位置	12	粗加工排孔 *A* 面余量
3	锯削去除斜角余料	13	粗、精加工凹槽，并保证尺寸 28mm、14mm、8mm
4	钻凹槽排孔		
5	锯削燕尾凹槽余料	14	钻 4 个 ϕ3mm 工艺孔
6	检查毛坯，保证毛坯尺寸大于 58mm×28mm	15	钻燕尾凹槽排孔
7	凸、凹件配合检测一遍	16	锯削排孔余料
8	锯削凹槽并錾去余量	17	根据图样尺寸和凸件尺寸利用基准面对零件进行划线
9	整体配合检查		
10	锉削另外两侧面，保证其与基准面垂直，并保证尺寸 28mm 和 58mm	18	加工斜角，并保证尺寸 120°和 8mm
		19	去除毛刺

表 5-7　风车凸件的加工工艺

工艺序号	工艺简图号码	工步内容号码	使用工具	使用量具	加工刀具	备注

表 5-8　风车凹件的加工工艺

工艺序号	工艺简图号码	工步内容号码	使用工具	使用量具	加工刀具	备注

二、加工注意事项

加工风车的过程中，需要注意的事项见表 5-9。

表 5-9　风车加工注意事项

类别	序号	注意事项内容	备　注
常规项	1	加工前先了解图样的加工要求及加工尺寸,检查毛坯工件的外形尺寸是否符合加工要求	
	2	准备好加工时所需的工、量、刀具,并规范、整齐摆放	
	3	工具使用前必须进行检查,严禁使用腐蚀、变形、松动、有故障、破损等不合格工具	
加工项	1	在加工各工面时,要保证各工面必须垂直于大平面	
	2	各加工面加工完成后,应先去除工件表面的毛刺再进行划线或测量,防止因毛刺突出而造成尺寸误差	
	3	为保证零件的加工精度,必须严格按照加工工艺方法、步骤认真加工工件,以减少工件变形	
	4	在测量工件时因采用间接测量,因此必须准确测量、计算和控制有关工艺尺寸,才能得到实际所要的精度	
	5	燕尾件加工时应先控制燕尾的高度或深度,才能加工燕尾的角度,防止加工好燕尾宽度后才调整它的高度或深度,而造成燕尾宽度尺寸产生变化	加工要点
	6	由于加工过程不稳定,制作过程必须经常反复测量,才能保证零件的加工精度	
	7	在配合时只修整配件,镶件一般是不修整的,即使要修整也应先用量具检查尺寸,根据加工精度的要求才修整	
	8	装配时,凹件链接槽高度及宽度尺寸(28 ± 0.04)mm、$14^{+0.08}_{0}$mm,应按加工后的实际尺寸进行修配,防止各配合件无法链接	加工要点
检测项	1	游标万能角度尺使用前,先将游标万能角度尺擦拭干净,再检查各部件相互间是否移动平稳可靠、止动后的读数是否不动,然后对0位	
	2	测量时,松动制动器上的螺母,移动尺座做粗调整,再转动游标背面的把手做精细调整,直到使角度尺的两测量面与被测工件的工作面密切接触为止,然后拧紧制动器上的螺母加以固定,即可进行读数	
	3	测量完毕,用汽油把游标万能角度尺擦净,用干净纱布仔细擦干,涂以防锈油,然后装入匣内	

三、装配注意事项

风车的装配流程如图 5-8 所示。装配时要注意以下几点：

1）了解风车部件装配图和风车总装图，熟悉装配工艺规程。

2）根据凹凸零件图对各工件进行误差与质量分析，零件的尺寸、几何形状和相互位置，以及表面特征应达到规定的技术要求。

3）如图 5-8 所示，给所有工件进行编号，并去除所有工件的毛刺和碰撞而产生的印痕。

4）根据风车部件装配图（图 5-4）组装各风车部件，当装配遇到困难时要查明原因，采取适当方法解决。

5）装配完成后，对照图 5-4 图样要求检测各配合尺寸并修整。

6）注意各零件之间的装配关系，参照装配流程图图 5-8 进行装配。

7）如果不能按要求顺利装配，应对相应的零部件进行修正，然后再次装配。

8）装配后按图 5-5 检测各部件配合尺寸是否达到图样要求。

9）整理工作场地。

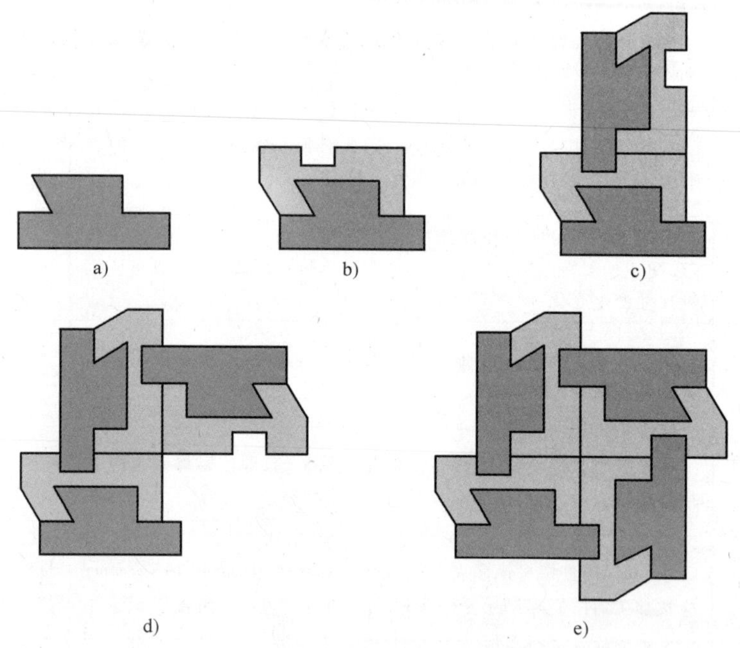

图 5-8　风车装配流程

学习评价

一、学习过程评价

请根据本次任务学习过程中的实际情况，在表 5-10 中对自己及学习小组进行评价。

表 5-10　学习过程评价表

学习小组：________　　姓名：________　　评价日期：________

评价人	评价内容	评价等级	情况说明
自我评价	能否按 5S 要求规范着装	能 □　不确定 □　不能 □	
	能否针对学习内容主动与其他同学进行沟通	能 □　不确定 □　不能 □	
	能否叙述风车零件的加工工艺过程	能 □　不确定 □　不能 □	
	能否规范使用工、量、刀具及钻孔设备加工零件	能 □　不确定 □　不能 □	
	你所负责加工的风车零件的完成情况如何	按图样要求完成 □ 基本完成 □　没有完成 □	
	能否独立且正确检测零件尺寸	能 □　不确定 □　不能 □	
小组评价	小组所使用的工、量、刀具能否按 5S 要求摆放	能 □　不确定 □　不能 □	
	小组组员之间团结协作、沟通情况如何	好 □　一般 □　差 □	
	小组所有成员制作的零件能否正常装配完成风车	能 □　不能 □	
教师评价	学生个人在小组中的学习情况	积极□　懒散 □ 技术强 □　技术一般 □	
	学习小组在学习活动中的表现情况	好 □　一般 □　差 □	

二、专业技能评价

请参照零件图，使用外径千分尺、游标卡尺等量具，分别对自己负责加工的零件与小组其他零件进行检测，并把检测结果填写在表 5-11 中。

表 5-11　风车零件质量检测表

序号	检测项目	配分	评分标准	自检结果	得分	互检结果	得分
1	凸件长(58±0.08)mm	8	符合要求得分				
2	凸件宽(28±0.08)mm	8	符合要求得分				
3	凹件长(58±0.08)mm	8	符合要求得分				
4	凹件宽(28±0.08)mm	8	符合要求得分				
5	高 10mm	5	符合要求得分				
6	$14_{-0.08}^{0}$mm	5	符合要求得分				
7	$18_{-0.08}^{0}$mm	5	符合要求得分				
8	$8_{0}^{+0.08}$mm	5	符合要求得分				
9	$14_{0}^{+0.08}$mm	5	符合要求得分				
10	60°	4	符合要求得分				

（续）

序号	检测项目	配分	评分标准	自检结果	得分	互检结果	得分
11	120°	4	符合要求得分				
12	平面度	5	每处不合格扣 1 分				
13	表面粗糙度值	5	每处 $Ra3.2\mu m$ 降一级扣 1 分				
14	配合长 66mm	5	符合要求得分				
15	配合宽 42mm	5	符合要求得分				
16	配合 8mm	5	符合要求得分				
17	配合 116mm（两处）	10	符合要求得分				
合计		100					

课后作业

请结合本次任务的学习情况，在课后制作一份 A3 幅面的手抄表。要求如下：

1）归纳本次任务所学会的知识和技能。

2）加工风车零件过程中，总结自己或者学习小组出现的问题及解决方法。

3）总结学习心得与反思。

4）版面清晰，字迹工整，图文并茂、体现创新思想。

附录

附录 A

钳工常用工具

序号	名称	常用规格	实 物 图	用 途
1	锤子	0.25kg、0.5kg、0.75kg、1kg		锤子用于敲打物体使其移动或变形，常用来敲钉子，矫正或是将物件敲开等。锤头的形式、规格很多，常见的有圆头锤、羊角锤、斩口锤等
2	安装锤	650g		安装锤是一种手动锤击工具，主要用于锤击金属物体，特别用在机器制造和维修工业中，如安装轴承、齿轮、轴套和加工维修金属薄板器具，它改进了冲击效果，并保护敏感的工件表面和被锤击的表面不受损坏
3	样冲	6mm		样冲用于在划出的加工线上标记定位、定心，确定轮廓线，或用于在钻孔中心处冲出钻眼，防止钻孔时中心滑移

（续）

序号	名称	常用规格	实 物 图	用 途
4	划针	$\phi3\sim\phi6$mm、		划针是钳工在工件表面上划线条的主要工具之一，常与钢直尺、直角尺或划线样板等导向工具一起使用
5	划规	6in、8in、		划规是钳工划线中不可缺少的工具，主要用来划圆和圆弧、划平行线、等分线段、量取尺寸、确定轴及孔的中心位置
6	划针盘	200mm、300mm		划针盘用于在工件上划线和校正工件位置
7	划线千斤顶	50mm、75mm、100mm、150mm		划线千斤顶是钳工划线中不可缺少的工具之一，主要用来支撑毛坯或不规则工件进行划线，通常是三个一组使用
8	V形架	100×100×65～300×300×120		V形架一般是两块一组使用，夹角为90°或120°，主要用于支撑加工或检测时做紧固或定位的辅助工具

（续）

序号	名称	常用规格	实 物 图	用 途
9	G 字夹	2in、3in、4in、5in、6in		G 字夹是用于夹持各种形状的工件、模块等起固定作用的一种五金工具。G 字夹又称为虾弓码、C 字夹、木工夹等，它的应用面非常广泛
10	钢锯架	12in		钢锯架是用来安装和张紧锯条的工具，可分为固定式和可调式两种
11	丝锥铰杠	M5～M12、		丝锥铰杠是一根横杠，中间有可调四方孔，其孔径和相应规格丝锥尾端配套，可以双手操作，是钳工攻螺纹、铰孔的专用辅助工具
12	圆板牙铰杠	M5～M12、		圆板牙铰杠是用于装夹圆板牙的工具，是钳工套螺纹加工的专用辅助工具
13	手虎钳	40mm		手虎钳是一种夹持轻巧工件以便进行加工的一种手持工具

（续）

序号	名称	常用规格	实物图	用途
14	一字螺钉旋具	5×125mm		用于装卸头部带一字槽的螺钉所用的手工工具
15	十字螺钉旋具	5×125mm		用来装卸头部带十字槽的螺钉所用的手工工具
16	鲤鱼钳	6in、8in		用于夹持圆形零件或弯折薄片，也可代替扳手旋小螺母和小螺栓，钳口后部刃口可用于切断金属丝，在维修行业中运用较多的工具之一
17	尖嘴钳	6in、8in		一种常用的钳形工具，主要用于夹持较小物件，也可用于弯绞导线，剪切较细导线和其他金属丝，能在较狭小的工作空间操作。它是电工装配及修理工作常用的工具之一
18	内外卡簧钳	5in、6in、7in、9in		它是一种用手安装内簧环和外簧环的专用工具，外形上属于尖嘴钳一类，钳头可采用内直、外直、内弯、外弯几种形式，不仅可以用于安装簧环，也能用于拆卸簧环

（续）

序号	名称	常用规格	实物图	用途
19	大力钳	7in、10in		主要用于夹持零件进行铆接、焊接、磨削等加工。其特点是钳口可以锁紧并产生很大的夹紧力，而且钳口有很多档的调节位置，供夹紧不同厚度零件使用，另外也可作为扳手使用
20	管子钳	250~900mm		用于紧固或拆卸各种管子、管路附件或圆形零件，为管路安装和修理常用工具
21	活扳手	150mm、200mm、250mm、300mm		活扳手是一种旋紧或拧松有角螺栓或螺母的工具
22	呆扳手	6~24mm		主要用于旋紧或松退六角形或方形的螺栓或螺母，是机械行业加工、生产、维修的重要工具
23	梅花扳手	6~27mm		便于拆卸装配在凹陷空间的螺栓、螺母，并可以为手指提供操作间隙，以防止擦伤。使用梅花扳手对螺栓或螺母施加大转矩，用于补充拧紧和类似操作

（续）

序号	名称	常用规格	实　物　图	用　途
24	套筒扳手	13件、17件、24件	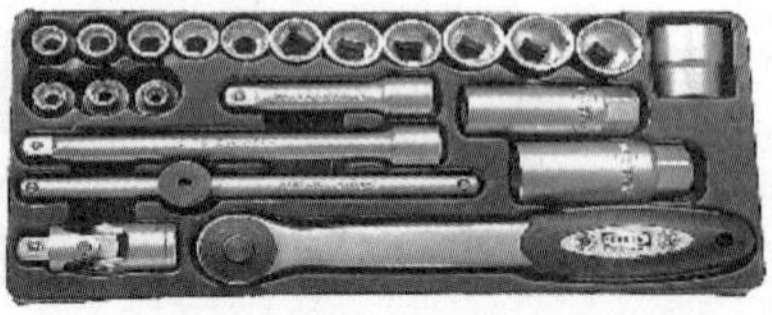	套筒扳手是一种组合型工具，使用时常由套筒、接杆、摇柄等共同组合成一把扳手，适合拆装部位狭小、特别隐蔽的螺栓或螺母，以及节省拆装时间时采用
25	内六角扳手	1.5～10mm		用来驱动具有内六角头部的螺栓和螺钉的工具，它通过施加转矩对螺钉有作用力，大大降低了使用者的用力强度，是工业制造业中不可或缺的得力工具
26	顶拔器	100#、150#、200#、250#		用于拆卸装在传动轴上的轴承、带轮及齿轮、凸轮、连接器等机械零件的一种工具
27	拔销器	M4、M5、M6、M8、M10	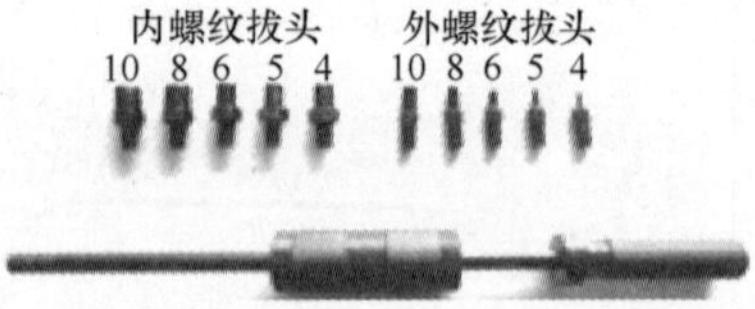 内螺纹拔头 10 8 6 5 4　外螺纹拔头 10 8 6 5 4	螺纹连接件与固定销的内螺纹或外螺纹连接，通过本体上的滑锤向后的撞击可以轻松把固定销拔出
28	平衡支架	250mm、400mm		它是主要用于机械旋转件的静平衡调整工具，防止因工作时出现不平衡的离心力所引起的机械振动，而造成机械工作精度降低，零件寿命缩短，噪声增大和破坏性的事故发生

附录 B

钳工常用量具

序号	名称	常用规格	实物图	用途
1	钢直尺	0~150mm、0~300mm、0~500mm、0~1000mm		用于测量零件长度尺寸的量具
2	钢卷尺	1m、2m、3m、5m、10m		用于测量较长工件的尺寸或距离，是建筑和装修常用的工量具，也是家庭必备工具之一
3	游标卡尺	量程：0~125mm、150mm、200mm、300mm 分度值：0.02mm、0.05mm、0.1mm		游标卡尺是一种精度较高的量具。它可直接量出工件的外(内)径、长度、宽度、高度和深度等尺寸
4	数显游标卡尺	量程：0~150mm 分度值 0.01mm		数显游标卡尺是带数字显示功能、不需要人工读数的一种卡尺，与普通的卡尺一样能够用来测量长度、内外径和深度等

（续）

序号	名称	常用规格	实物图	用途
5	高度游标卡尺	量程有：0～200mm、0～300mm 分度值为 0.02mm		高度游标卡尺简称高度尺，它的主要用途是测量工件的高度，另外还经常用于测量形状和位置公差尺寸和精密划线
6	深度游标卡尺	量程有：0～100mm、0～125mm、0～150mm、0～200mm、0～300mm，分度值：0.02mm、0.05mm		简称为深度尺，主要用于测量零件的深度尺寸或台阶高低和槽的深度
7	外径千分尺	量程：0～25mm、25～50mm、50～75mm、75～100mm 及 100～125mm 分度值 0.01mm		又称螺旋测微器、分厘卡，是比游标卡尺更精密的测量工具，精度可到 0.01mm，主要用于测量精度要求较高的工件
8	内径千分尺	量程：5～30mm、5～50mm、50～75mm、75～100mm、100～125mm、125～150mm 分度值 0.01mm		适用于机械加工中测量 IT10 或低于 IT10 级工件的孔径、槽宽及两端面距离等内尺寸

（续）

序号	名称	常用规格	实 物 图	用 途
9	深度千分尺	量程：0~25mm、0~50mm、0~75mm、0~100mm、0~150mm，分度值 0.01mm		在制造业中，深度千分尺常用于测量工件的孔或槽的深度以及台阶高度
10	内径百分表	量程：6~10mm、10~18mm、18~35mm、35~50mm、50~100mm、50~160mm 分度值 0.01mm	百分表 绝热套 表杆座 表杆 活动量头	内径百分表是用比较法对孔径、槽宽及其几何形状误差进行测量的量具
11	塞尺	测量范围：0.02~1.00mm、0.1~1.00mm 长度：80、100、150mm		塞尺又称厚薄规或间隙片，用于测量间隙尺寸。在检验被测尺寸是否合格时，可以用此法判断，也可由检验者根据塞尺与被测表面配合的松紧程度来判断
12	外（内）卡钳	75mm、100mm、125mm、150mm、200mm		外卡钳用于测量圆柱体的外径或物体的长度。内卡钳用于测量圆柱孔的内径或槽宽。卡钳是一种间接测量的工具，须与钢直尺或其他能直接显示测量尺寸的量具配合使用

（续）

序号	名称	常用规格	实物图	用途
13	光面塞规	测量范围 ϕ5～ϕ80mm 分度值 0.005mm		光面塞规是用来测量工件内孔尺寸的精密量具。光面塞规可做成上极限尺寸和下极限尺寸两种。下极限尺寸一端称为通端，上极限尺寸一端称为止端
14	光面卡规	测量范围： 5～500mm 分度值 0.002mm	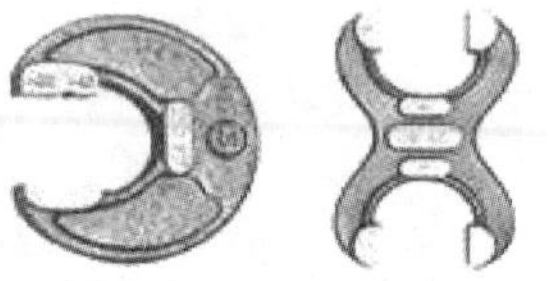	卡规主要用来测量圆柱形、长方形、多边形等工件的外形尺寸，在测量时，如果卡规的通端能通过工件，而止端不能通过工件，则表示工件合格
15	螺纹量规	测量范围： M2～M20		又称为螺纹通止规，是精密的螺纹检测量规，使用时分通端和止端。它主要是用来检测螺纹的极限大径值和极限小径值
16	简易 量角器	100mm、150mm、 200mm	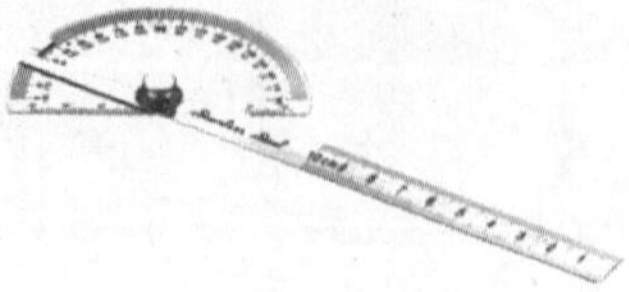	画图用具，可以根据需要画出所要的角度

（续）

序号	名称	常用规格	实物图	用途
17	万能游标角度尺	测量范围：0°～320°，标准分度值有2′和5′		它是利用游标读数原理来直接测量工件角度或进行划线的一种角度量具
18	刀口形直尺	75mm、125mm、175mm、200mm		主要用于以光隙法进行直线度测量和平面度测量
19	宽座直角尺	80mm×50mm、100mm×63mm、125mm×80mm、160mm×100mm		宽座直角尺可精确测量工件内角、外角的垂直偏差，是检验和划线工作中常用的量具，用于检验工件的垂直度或检定仪器纵横向导轨的相互垂直度
20	刀口形直角尺	80mm×50mm、100mm×63mm、125mm×80mm、160mm×100mm		刀口形直角尺是专业的直角测量工具，测量面为刀口形状，能更加准确地测量出直角的垂直度

（续）

序号	名称	常用规格	实物图	用途
21	钳工水平尺	100mm×0.02mm、150mm×0.02mm、200mm×0.02mm、250mm×0.02mm、300mm×0.02mm		水平仪主要应用于检验各种机床及其他类型设备导轨的直线度和设备安装的水平位置，垂直位置
22	划线平台	300mm×400mm、400mm×500mm、500mm×600mm、600mm×800mm、1000mm×1000mm		划线平台用来安放工件和划线工具，用于在台面上进行划线、检验等工作，在机械制造中划线平台是最不可缺少的平面基准量具
23	方箱	100mm、150mm、200mm、250mm、300mm、350mm、400mm、500mm、600mm		根据用途可分为：划线方箱、检验方箱、磁性方箱、T形槽方箱、万能方箱等，用于零部件平行度、垂直度的检验和划线。万能方箱用于检验或划精密工件的任意角度线
24	划线弯板	200mm×200mm、300mm×200mm、400mm×300mm、400mm×400mm、500mm×400mm		划线弯板又称为直角靠铁，是划线、检验、测量工装不可缺少的工具，适用于各种机械的检验测量，检查零件的尺寸精度、几何误差，并划线等

（续）

序号	名称	常用规格	实物图	用途
25	量块	测量范围： 0.50～1000mm 精度：0 级、 1 级、2 级		量块又称块规，它是机器制造业中控制尺寸的最基本的量具，是从标准长度到零件之间尺寸传递的媒介，是技术测量上长度计量的基准
26	正弦规	100mm、200mm		正弦规是利用正弦定理测量角度和锥度等的量规
27	角度样板	测量范围： 5°～90°		角度样板是检测有一定角度范围要求的两个平面的定制量具
28	半径样板	*R*1～*R*6.5mm、 *R*7～*R*14.5mm、 *R*15～*R*25mm、 *R*25～*R*50mm		半径样板是利用光隙法测量圆弧半径的工具

附录 C

钳工常用刀具

序号	名称	常用规格	实物图	用途
1	扁锉	粗齿、中齿、细齿、双细齿、油光锉 规格：150mm、200mm、250mm、300mm		扁锉主要用来锉削平面、外圆面和凸弧面
2	方锉	粗齿、中齿、细齿、双细齿、油光锉 规格：150mm、200mm、250mm、300mm	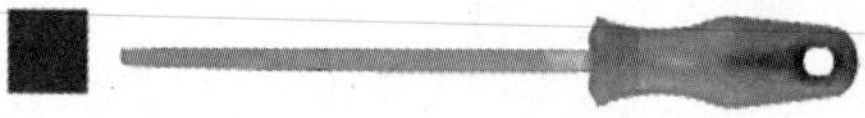	方锉主要用来锉削方孔、长方孔和窄平面
3	三角锉	粗齿、中齿、细齿、双细齿、油光锉 规格：150mm、200mm、250mm、300mm		三角锉主要用来锉削内角、三角孔和平面
4	圆锉	粗齿、中齿、细齿、双细齿、油光锉 规格：150mm、200mm、250mm、300mm		圆锉主要用来锉削圆孔、半径较小的凹弧面和椭圆面

（续）

序号	名称	常用规格	实物图	用途
5	半圆锉	粗齿、中齿、细齿、双细齿、油光锉 规格：150mm、200mm、250mm、300mm		半圆锉主要用来锉削凹弧面和平面
6	手用钢锯条	长度：3000mm 齿距：18T、24T、32T		手用钢锯条是锯削时用来直接锯削材料或工件的刀具。手用钢锯条根据齿距的大小，分为粗齿、中齿、细齿和极细齿
7	钳工錾子	150mm	扁錾 窄錾 油槽錾	在不便机械加工的场合或不使用机械加工，以及锉削余量较大的金属工件，都可以用錾子对金属进行切削加工
8	麻花钻头	$\phi3\sim\phi24$mm		麻花钻是通过其相对固定轴线的旋转切削以钻削工件的圆孔的工具。因其容屑槽成螺旋状而形似麻花而得名

（续）

序号	名称	常用规格	实 物 图	用 途
9	扩孔钻	2～20mm		扩孔钻一般用于孔的半精加工或终加工，主要用于把有预铸孔或底孔的孔进行扩大和提高圆柱度和表面质量
10	锪钻	M5～M12		锪钻是对孔的端面进行平面、柱面、锥面及其他型面加工。在已加工出的孔上加工圆柱形沉头孔、锥形沉头孔和端面凸台时，都使用锪钻
11	手用铰刀	$\phi5\sim\phi12$mm		手用铰刀具有一个或者多个刀齿，用以切除孔已加工表面薄金属层的旋转刀具。经过铰刀加工后的孔可以获得精确的尺寸和形状
12	丝锥	M5～M12		丝锥是一种加工内螺纹的刀具，按照使用环境可以分为手用丝锥和机用丝锥，它是制造业操作者加工螺纹的重要工具

（续）

序号	名称	常用规格	实　物　图	用　　途
13	圆板牙	M5～M12		圆板牙是用于加工或修正外螺纹的螺纹加工工具
14	刮刀	150mm、200mm、300mm、400mm		刮刀是刮削的主要工具，一般用于滑动轴承的滑动配合的精加工，铸铁平板平台刮削所用工具，一般分为平面刮刀和曲面刮刀两类

知识点索引

钳工技能

钳 工 量 具

参考文献

[1] 陈刚，刘新灵. 钳工基础［M］. 北京：化学工业出版社，2016.

[2] 谢增明. 钳工技能训练［M］. 北京：中国劳动社会保障出版社，2005.

[3] 吴清. 钳工基础技术［M］. 北京：清华大学出版社，2011.

[4] 蒋增福. 钳工工艺与技能训练［M］. 北京：中国劳动社会保障出版社，2001.